● 本书系安徽大学徽文化传承与创新中心重点项目

"皖北水文化与徽州水文化比较研究"：（项目号：HWHZD005A）最终成果

● 本书系安徽省哲学社会科学规划项目

"从芍陂到淠史杭：晚清以来江淮地区的水利兴废与社会变迁"：（项目号：AHSKY2017D94）阶段性成果

淮河文化研究丛书

芍陂史话

千年安丰塘

时代出版传媒股份有限公司
安徽教育出版社

李 松 著

图书在版编目（ＣＩＰ）数据

芍陂史话:千年安丰塘 / 李松著. —合肥:安徽
教育出版社,2019

ISBN 978－7－5336－8961－2

Ⅰ.①芍…　Ⅱ.①李…　Ⅲ.①淮河—水利史—春秋时
代　Ⅳ.①TV882.3

中国版本图书馆 CIP 数据核字（2019）第 163407 号

芍陂史话:千年安丰塘

QUEBEI SHIHUA：QIANNIAN ANFENGTANG

出　版　人:费世平
质量总监:姚　莉
策划编辑:王宗琦
责任编辑:王宗琦　徐　宇
装帧设计:吴亢宗
责任印制:李松伦

出版发行:时代出版传媒股份有限公司　安徽教育出版社
地　　　址:合肥市经开区繁华大道西路 398 号　邮编:230601
网　　　址:http://www.ahep.com.cn
营销电话:(0551)63683012,63683013
排　　版:安徽时代华印出版服务有限责任公司
印　　刷:安徽联众印刷有限公司

开　　本:710×1010　1/16
印　　张:18.25
字　　数:250 千字
版　　次:2020 年 11 月第 1 版　2020 年 11 月第 1 次印刷
定　　价:68.00 元

目 录

序一

淮河是中国古代"四渎"之一，东西横跨经度9度（东经112°～121°），长约1000千米；南北纵深纬度5度（北纬31°～36°），平均宽约400千米。涉及湖北、河南、安徽、江苏、山东5个省40个地级市，163个县（市），75个市属区（县级）（截至2002年6月），堪称中国最重要的大河之一。淮河流域西起伏牛山、桐柏山，东临黄海，北至黄河南堤和沂蒙山脉，同黄河流域接壤，南以大别山和皖山余脉与长江流域分界。

淮河之重要，首先体现在其独特的地理区位上。它是划分我国南北区域的界河，与西边的秦岭构成了我国天然的南北分界线。早在《晏子春秋》中便有"橘生淮南则为橘，生于淮北则为枳"的记载。其次，淮河是中国重要的文明起源地之一。无论是大汶口文化、龙山文化，还是大禹会诸侯的涂山，无论是探索世界本原的老子庄子，还是思考实用主义哲学的管子，都对整个华夏文明体系产生了深远影响。再次，淮河文化自带兼容并包之历史特征。这一流域西连关中、南接荆蛮、东括徐夷、北融中原，以独特的区位优势融南北西东文化之精髓，自成一系。其兼容并包的文化特性反映在诸多层面。例如，这一区域在农业上稻麦兼作，在饮食上咸甜交错，在语言上融汇南腔北调，在居民性格上兼具了北方的豪爽强悍和南方的温婉柔和。这种接通南北、融贯西东的复合型文化，使淮河成为中国最重要的文化大河之一。

作为一条历史文化底蕴深厚之河，淮河文化的悠久历史和灿烂多姿为国内学界所瞩目。这里不仅诞生了中国最早的王朝，还孕育了以商丘古城、开封古城、扬州古城、寿县古城、亳州古城、淮安古城、徐州古城为代表的历史文化名城；涌现出一大批杰出的政治家、思想家、革命家和文化学者，如老子、庄子、刘邦、曹操、朱元璋、周恩来等；更是许多影响历史进程的重大历史事件的发生地，如涂山之会、淝水之战、导淮治淮工程等；衍生了许多精彩的民间文化，如凤阳花鼓、界首彩陶、寿州陶瓷、泗州戏、淮扬戏、五禽戏等。此外，这里也是中国革命的重要策源地之一，从国内革命战争、抗日战争到解放战争，中国工农红军、八路军、新四军在淮河流域先后建立了鄂豫皖、豫西、苏皖、苏鲁等革命根据地，留下了许多可歌可泣的英雄事迹，这些红色文化进一步丰富了淮河文化的内涵。

2018 年 10 月，国务院批复了《淮河生态经济带发展规划》。《规划》以习近平新时代中国特色社会主义思想为指导，以供给侧结构性改革为主线，在顶层设计上为淮河流域发展带来前所未有的新契机。这一规划的批复，对于促进淮河流域社会经济协调发展，加快建成美丽宜居、充满活力、和谐有序的生态经济带具有重要指导意义。《规划》彰显了淮河独特的区位优势以及巨大的发展潜力，而实施这一规划，自然离不开文化软实力的支撑，这就需要进一步加强对淮河文化的研究。

事实上，对于淮河的关注与研究，古已有之。魏晋南北朝时期郦道元的《水经注》开启了对淮水流域的历史地理研究。明代万历年间胡应恩《淮南水利考》、清代嘉庆年间夏尚忠的《芍陂纪事》等都是对淮河流域具体个案研究的典范。近代以来，随着西方地理知识和水利科技的传入，对淮河治理和研究的论著日渐丰富，其中武同举的《淮系年表》《淮史述要》、宋希尚的《说淮》，胡焕庸的《两淮水利概论》《淮河水道志》《淮河的改造》，陈桥驿的《淮河流域》，以及民国时期的大量治淮论述便是其中的代表。

中华人民共和国成立后，淮河文化的研究逐渐向纵深发展，主要表现为以下三个方面的特征：

一是研究领域逐渐拓展深化。中华人民共和国成立以前，学界对淮河的关注和研究，主要集中于对淮河水系地理的考察和治淮的讨论。中华人民共和国成立后，学界对淮河文化的思考和研究开始广涉淮河治理、重大历史事件、重要历史人物、淮河流域经济开发、淮河流域生态环境变迁、淮河流域城市历史、淮河流域的灾害、淮河流域的民间文化等诸多方面。涌现出了一批重要成果，如张义丰等《淮河地理研究》、水利部淮河水利委员会编撰的七卷本《淮河志》、水利电力部水管司等《清代淮河流域洪涝档案史料》、张秉伦等《淮河和长江中下游旱涝灾害年表与旱涝规律研究》、臧世骅《中国淮河流域民间工匠习俗》、中国水利史典编委会《中国水利史典（淮河卷一、

二)》、王鑫义等《淮河流域经济开发史》、陈业新《明至民国时期皖北地区灾害环境与社会应对研究》、陈广忠《两淮文化》《淮河传》、马俊亚《被牺牲的局部：淮北社会生态变迁研究（1680—1949）》、吴春梅等《近代淮河流域经济开发史（1840—1949）》、胡惠芳《淮河中下游地区环境变动与社会控制（1912—1949）》、胡阿祥等《河流文明丛书：淮河》、李景江等《淮河文化概观》、曹天生等《淮河文化导论》、吴海涛等《淮河流域环境变迁史》等。这期间，学界对淮河文化的内涵与外延、淮河文化的特征、淮河生态文明、淮河流域地方史等诸多方面进行了有价值的研究与探讨。这其中不乏国外学者的参与，例如美国学者孔为廉对寿州古城的研究、戴维·艾伦·佩兹（David Allen Pietz）对民国时期淮河治理的研究以及著名历史学家裴宜理对淮北捻军和红枪会的研究。这些研究拓宽了淮河文化研究的范围，推进了淮河文化研究向深层次领域挺进。与此同时，学界也展开了对淮河文化研究状况的总结与反思，如朱正业《近十年来淮河流域经济史研究述评》（2005 年）、吴海涛《近十年来淮河流域历史研究述评》（2007 年）、李艳洁《淮河文化研究现状述评——以淮河流域地域文学为中心》（2011 年）、汤夺先等《我国淮河流域民俗研究综述》（2011 年）、汪志国等《20 世纪以来淮河流域自然灾害史研究述评》（2011 年）、陈立柱《淮河文化研究的现状与反省》（2016 年）、陈业新《淮河文化研究述论》（2017 年）等，从多个视角总结分析了淮河文化研究的现状与存在的问题，提出了许多有价值的思考。

二是研究方法日益多样化。中华人民共和国成立以来淮河文化的研究，不仅体现在研究领域和内容上的逐步深化拓展，还反映在研究方法和手段上的日益丰富。尤其是最近 20 年来，淮河文化的研究，在研究方法和手段上呈现多样化的趋势。除去传统的考据方法和文本解读之外，许多跨学科研究方法应用到淮河文化的相关研究中。这其中不乏历史地理学的介入，如陈业新的研究；计量方法的运用，如吴春梅、吴海涛等的研究；比较史学的引入，如虞和平、裴宜理的研究，等等。研究方法的多样化，是跨学科研究的必然结果。因为任何一个流域文化都会涵盖政治、经济、民俗、宗教、社会运行、地理空间等诸多要素，因此政治学、经济学、文化学、社会学、统计学、地理学、宗教学、民俗学、文学、艺术学等学科的研究方法都会出现，从而为区域文化研究带来新的变革。

三是研究力量的组织化空前发展。近 20 年来，淮河文化研究的一个重要变化是研究从单兵作战走向集团发力。其有两大表征：一是定期举办淮河文化研讨会。1987 年 5 月，河南信阳召开了首次淮河文化研讨会，淮委和豫、皖、苏三省文联及高校的 20 余名同志参加了会议，与会学者就研究淮河文化的重要性和现实意义作了专题发言，并论证了淮河文化的特色和科学价值。1998 年由安徽省社科联、水利部淮委、蚌埠市政府联合在蚌埠市召开了"安徽省首届淮河文化研讨会"，开启了淮河文化研究的新阶段，来自淮河流域的皖、豫、鲁、苏四省专家学者参加了此次会议。此后，这一省级层面主导的"淮河文化研讨会"不断发展壮大，截至 2019 年底，先后召开了 11 次淮河文化研讨会。虽然河南和江苏也都曾举办淮河文化研讨会，但真正成规模、连续召开且成效显著、影响最大的是安徽召开的系列淮河文化研讨会。安徽省为了进一步推动淮河文化研究，从全省文化发展与传承的战略视角，于 2012 年 12 月 7 日至 9 日，在合肥成立省级"淮河文化研究会"，大会讨论通过了《淮河文化研究会章程》，并根据研究会章程，推举了研究会顾问，选举产生了研究会常务理事、会长、副会长、秘书长、副秘书长等。会长由原中共安徽省委宣传部副部长、原省社会科学院院长陆勤毅担任。这次会议聚合了安徽省淮河文化研究的力量，开始规划发展，分工协作，打破了以往淮河文化研究各自为阵的局面，标志着淮河文化研究迈入组织化、规范化的轨道，使淮河文化研究进入到一个崭新阶段。二是沿淮地市尤其是沿淮高校陆续成立淮河文化研究机构。其中安徽大学淮河流域环境与经济社会发展研究中心（1999 年成立淮河流域历史文化研究中心，2009 年改为现名）、阜阳师范大学皖北文化研究中心（2003 年）、蚌埠学院淮河文化研究中心（2006 年）、信阳师范学院淮河文明研究中心（2007 年成立，2009 年改为现名）、蚌埠市淮河文化研究会（2010年）、亳州学院亳文化研究中心（2010 年）、安徽省淮河文化研究会（2012 年）、淮阴师范学院淮河生态经济带研究院（2016 年）、河海大学淮河研究中心（2017 年）、淮南师范学院淮河文化研究中心（2020年）是其中的主要代表。这些研究机构的陆续成立，聚合了一批研究淮河文化的专业人士，形成团队，协同作战，有力推动了淮河文化研究的持续发展和不断深入。研究组织机构的成立，为淮河文化研究提供了源源不断的人才队伍，有利于研究梯队的形成和壮大，同时，也为淮河文化的可持续发展和交叉学科研究的开展提供了组织保证。

当今中国，区域文化研究方兴未艾。安徽拥有淮河文化、皖江文化和徽州文化三大地域文化，历史文化资源极其丰富。如何有效挖掘、传承、创新这些文化资源，是摆在今天学者面前的重要课题。就淮河文化而言，作为中国大河文明的代表之一，其可研究的领域、可探索的问题、可展示的风采还有待进一步发掘。虽然此前淮河文化研究取得了一定成绩，但就整个淮河文化的地位而言，依然任重道远，许多方面的研究仍亟待加强。主要表现在：其一，资料的收集与整理。淮河流域横跨五省，涉及大汶口文化、龙山文化、蔡楚文化、吴越文化以及众多的历史文化遗存和典籍，而有关淮河文化的资料收集和整理，尚缺少系统性和针对性。其二，整体性的观照与研究。淮河文化的研究在整体性的观照与思考方面尚显不足。此前对淮河文化的研究多呈现碎片化的倾向，部分研究如陈业新、吴春梅等虽采用了长时段的研究，但仍专注于淮河文化的某些层面，整体性的系统研究明显不足。因此，需要站在华夏文明演变的高度和国家治理的高度审视淮河文明及淮河文化。将这一流域文化与整个国家的文明和兴衰联系起来进行研究，方能展示淮河文化对整个华夏文明的重大贡献和意义。其三，权威工具书的编撰。淮河文化洋洋大观，涉及面广，历史悠久，涉及地域广泛，但缺少与之相关的权威工具书。虽然此前已出版七卷本《淮河志》，但淮河文化的许多内容没有包含进去，因此有必要在适当的时候，编撰一部《淮河文化大辞典》，系统介绍淮河文化的方方面面，展示淮河文化的风采。其四，理论方法及研究手段的创新。近十年来，随着计算机技术和互联网的发展，大数据开始发挥其在科学研究方面的威力。利用大数据资源对淮河文化展开深入细致的研究将成为一种新趋势，这在研究淮河流域经济发展、人口变迁、社会阶层流动、区域环境演变、水资源利用等方面将发挥重要的作用，需要相关领域的学者更加充分地给予重视。其五，构建淮河文化数据库。淮河文化的研究涉及大量的文献资料和信息数据，在网络信息技术高度发达的今天，有必要利用先进的数字化技术、网络化信息手段，构建淮河文化文献资源数据库，以更好地服务当前社会经济发展。建设淮河文化资源数据库，形成淮河文化资源共享中心，将是未来淮河文化研究的重要工作内容。

淮南市政府与淮南师范学院在淮河文化研究方面一直具有良好的传统，尤其在《淮南子》研究、淮南豆腐文化研究、芍陂（安丰塘）研究、寿州窑研究、推剧研究、淮南文化产业研究方面取得了不俗的成绩。2015年淮南师范学院整合相关研究力量成立淮南地域文化研究中心，开始聚力淮河文化研究。为进一步加强淮南市在淮河文化研究领域的力量，经过淮南市政协与淮南师范学院多次论证、协商，决定共同成立淮河文化研究中心。2020年7月30日，淮南市政协与淮南师范学院联合共建的淮河文化研究中心正式成立。双方将以淮河文化研究中心为平台，在淮河文化研究、沿淮地方历史研究、文化旅游产业发展、淮河生态经济带建设等多个领域开展合作。而谋划研究项目、出版淮河文化研究丛书是这一平台义不容辞的使命。有鉴于此，我们整合国内资源，聚焦研究方向，提升研究水平，将陆续推出一批有份量的淮河文化研究成果，形成淮河文化研究丛书，以期对淮河文化进行全方位的展示。我们期待有更多学者加入到淮河文化的研究中来，将其成果融入到我们的研究丛书中，为淮河文化研究添砖加瓦，为中华文化复兴贡献力量！

序二

　　古代的芍陂即现在的安丰塘，位于今安徽省淮南市寿县境内。我是皖人，出生、成长于大别山北麓的六安西、霍邱县南，从家乡所在地到安丰塘，驾车里程是 96 千米，步行距离为 88 千米，而直线距离则更近。虽然相去不远，但因信息闭塞，加之在我个人接受的中小学教育中没有丝毫言及芍陂或安丰塘，以至于我上大学前对这一著名的水利工程闻所未闻。我对于芍陂的了解，始于 20 世纪 80 年代中后期。那时我在淮南师专即今淮南师范学院读书，从来自寿县的同窗口中方知芍陂及其有关故事，不过，对芍陂的感知尚不是很深。2000年代初，我博士毕业，来到复旦大学历史地理研究中心跟随邹逸麟师进行博士后研究工作，殆因"维桑与梓"，我把淮河中游的皖北地区作为自己完成博士后出站报告的研究区域，芍陂自然而然地进入我的研究视野。在阅读地方志书等文献的同时，为获取第一手研究文献，2002 年春，我只身前往安徽省档案馆与图书馆、水利部淮河水利委员会以及寿县土地局、博物馆、方志办等单位搜集资料，并在寿县水电局安丰塘水利分局侯仁余先生的陪同下，走马观花似地沿安丰塘埂转了半天，参观了孙公祠，抄写了部分碑刻。遗憾的是，有关芍陂的内容后来没能成为我博士后出站报告的一部分，然我对其关注度则始终未减。在后来完成的一项国家社科基金研究项目中，我终于实现了夙愿，并发表了多篇相关论文。

据称，作为水利灌溉工程的芍陂创建于春秋时期，由时任楚相孙叔敖主持完成。若此说法确凿的话，芍陂至今已有 2600 余年的历史了，堪谓古老，因而被人们称作"中国古代四大水利工程"之一。而且根据有关文献记载，不同历史时期的芍陂面积尽管多有盈缩变动，其灌溉功能始终存留，不仅为该地农业经济、社会发展奠定了厚实的水利基础，也使得该地区自古就成为兵家南征北伐、东进西出的战略要地。1949 年后，结合淮河的综合治理，国家对芍陂也进行了全面的整治。整治后的芍陂，无论是蓄水量，还是灌溉面积，都较晚清、民国时期有较大的提高，并在旅游、文化方面发挥着积极的作用。2015 年 10 月，在法国蒙彼利埃举行的国际灌溉排水委员会第 66 届国际执行理事会全体会议上，芍陂成功入选"世界灌溉工程遗产"名录；同年 11 月，"芍陂（安丰塘）及灌区农业系统"入选农业部第三批"中国重要农业文化遗产"名录。诚如李松老师在其书中所云，"这两项重量级遗产称号的获得是芍陂水利发展史上浓墨重彩的一笔，充分肯定了芍陂水利在世界灌溉工程史上和中国农业文化史上的重要地位"，也是对芍陂作为"天下第一塘"在新时期得到很好保护和利用的肯定。

关于芍陂的学术研究，虽然近 70 年来有一定的成果发表，但相对数量仍不是很多，整体看来质量参差不齐。李松是淮南人，对芍陂情有独钟，研究芍陂天时、地利、人和，条件得天独厚。因此，这些年来，他在资料文献方面，一则多方、全面搜求；二则注重田野调查，实地踏勘考察，走访老人，搜集口述材料，整理、出版了文献资料汇编《〈芍陂纪事〉校注暨芍陂史料汇编》（中国科学技术大学出版社 2016 年版）。研究成果产出方面，李松则更是形式多元，发表多篇学术论文的同时，还推动淮南师范学院与寿县人民政府联合主办了"芍陂（安丰塘）历史文化研讨会"（2016 年 12 月）。如今，在其前期学术积累的基础上，李松老师又出版了诸位读者手中这本承载了对芍陂深厚情感的著作。李松老师在教学、科研极其繁忙的情形下，抽出宝贵的时间、花费如此不菲的精力完成的这部作品，对芍陂走出区域而面向全国、走出书斋而面对社会，无疑具有极其重要的意义。我与李松老师因共同研究芍陂而相知，复为师院校友，现在又共同开展研究。所以，当李松老师命我为其即将付梓行世的大作撰写几句"絮"言时，我毫无迟疑地欣然从命，于是乎就有了上面几行杂七杂八的文字，文字虽少，其意亦浅，但情感至真！当然，作为"序"言，本应对著作做出评述。但愚以为，我们既然是朋友，一味说好话易遭人厌，并且读者也有自己的判断，故不妄作赘言。只希望我们今后继续合作，也期待李松老师有更多高质量的成果问世！

是为序。

陈业新

农历己亥年十月廿七日于沪南

引 言

公元 1051 年春，一位名叫张公仪的年轻人从京师赶赴安丰任县令，时任京城殿中丞的好友王安石闻讯，即兴作七律一首以赠之。诗云：

> 楚客来时雁为伴，归期只待春冰泮。
>
> 雁飞南北三两回，回首湖山空梦乱。
>
> 秘书一官聊自慰，安丰百里谁复叹。
>
> 扬鞭去去及芳时，寿酒千觞花烂熳。

这就是脍炙人口的《送张公仪宰安丰》。这位来自楚地的张公仪就任安丰县令后，急民众之所需，着手组织力量兴修水利，而当时安

◎　王安石像

丰境内最大的水利工程就是芍陂。他通过仔细勘查，了解了芍陂水利面临的问题，决定对芍陂进行治理。他想方设法筹集工料，培修堤岸，疏浚水源，取得了良好的治理效果。两年后（1053 年），芍陂治理工程完工，而此时的王安石正在赶往桐乡（安徽桐城）发廪救灾的途中，听闻此事，诗兴大发，再次赋诗一首：

> 桐乡振廪得周旋，芍水修陂道路传。
>
> 日想儁功追往事，心知为政似当年。
>
> 鲂鱼鲅鲅归城市，粳稻纷纷载酒船。
>
> 楚相祠堂仍好在，胜游思为子留篇。

这首《安丰张令修芍陂》，不仅抒发了对好友造福一方的充分肯定，也使王安石与芍陂发生了必要的关联。王安石两次为张公仪作诗，并对其修治芍陂水利大加赞赏。这一方面反映了两人的深厚友谊，另一方面也从侧面反映了两人都高度重视农田水利，是务实的实干家。此后不久，与王安石同年及第的金君卿，见到王安石的这首诗，立即做了一首次韵之作《和介甫寄安丰张公仪之什》：

前贤立事岂徒然，惠政须教振古传。

芍水灌余三万顷，楚人祠已二千年。

近闻令尹开新闸，不避风波上小船。

堤筑已完舆颂洽，去时民吏重留连。

在诗中，金君卿对张公仪修治芍陂的惠政给予高度评价，称赞他在治理芍陂过程中不辞劳苦，新开水门，修筑堤防，使芍陂水利得到进一步完善，离任时当地百姓依依不舍。不久，王安石的另一好友陈舜俞也作了一首唱和之作《和王介甫寄安丰知县修芍陂》：

雩娄陂水旧风烟，可喜斯民得继传。

万顷稻粱追汉日，五门疏凿似齐年。

才高欲献营田策，公暇还来泛酒船。

称与淮南夸好事，耕歌渔唱已相连。

再次对张公仪修治芍陂水利、造福地方百姓一事给予充分肯定。

按理说，张公仪出任安丰地方官，对芍陂进行修治，使得淮南水利大兴，促进当地农业生产发展，本是应有之义，但却引来这么多名流士人的赞美与唱和，这是当时张公仪万万没想到的。

为何自古及今，文人政客对农田水利如此重视呢？

其实，在传统农业社会中，水利关系国家之命运，百姓之存亡。中国人在很早的时候就认识到了水与农耕、政治、经济、社会的关系。

在中国历史上，水一直扮演着极其重要的角色。在某种程度上，中华文明的诞生、发展、传承莫不与水息息相关。在中华文明的草创时期，先民的生产生活就是从与水打交道开始的。人们沿河而居，逐步创造了大河文明。人们因水兴农，利用地理环境条件，催生了原始种植业的萌芽。农业的发明和进步，把人们引向定居，随着耕地范围的扩大和连续种植，原始农业区形成了，水利灌溉便应运而生。1992年至1995年间，中、日两国的考古学家在位于江苏省苏州市郊唯亭镇的草鞋山遗址找到了马家浜文化的古稻田及其灌溉设施。这是早期中国南方稻作农业文化遗产的典型代表，其间渗透着早期先民的用水思想、行为及方法。①

水不仅影响着人们的日常生产生活，还直接影响着中国早期王朝形成的历史进程。在早期中国人与水的关系中，大禹治水是最有典型意义的事件。大禹治水十余年，劈山导河，疏理壅塞，在治水

草鞋山遗址

位于江苏省苏州市吴中区唯亭镇东北2千米处，因中心有"草鞋山"土墩而得名。该遗址年代跨度很大，从马家浜文化、崧泽文化、良渚文化到春秋吴越文化，均有丰厚的遗存；被中国考古界誉为"江南史前文化标尺"。草鞋山遗址中6000年前的马家浜文化水稻田，是中国发现最早有灌溉系统的古稻田。该遗址共发现水田44丘，水沟6条，水井10座，水塘2座，"灰坑"8座，是中国水利考古与研究的一项重要成果。

---

① 谷建祥等：《对草鞋山遗址马家浜文化时期稻作农业的初步认识》，《东南文化》，1998年第3期。

大禹治水与涂山的历史渊源

大禹治水的传说流传广泛。他为取得淮河中下游广大夷族部落的支持，与淮夷首领涂山氏之女结婚，这种政治联姻，团结了夷夏部落，为治水成功奠定了基础。在治水过程中，大禹以身作则，身体力行，积极投身治水事业，留下了"三过家门而不入"的传说。大禹治水成功后，在涂山大会诸侯，"执玉帛者万国"，前来朝拜的各路诸侯部落，纷纷承认大禹的政治地位，在某种程度上确立了夏王朝统治的基础。著名历史地理学家谭其骧先生曾对涂山地望作过考证：前人释涂山地望，众说纷纭，唯此今怀远县东南淮水南岸一说，合于汉晋之旧，宜以为正。上举数条，即此说所本。又，唐柳宗元、宋苏轼之涂山铭与诗，亦指此山。

过程中公而忘私，以至于多次路过家门而不入，最终平息了洪水。禹凭借着辉煌的治水业绩赢得了众多氏族部落拥戴，取得了部落联盟领袖的地位，为此后开启"家天下"的格局奠定了政治基础。美国学者卡尔·魏特夫这样评价大禹治水："由此（治水）而建立的政权，肯定是由为治水农业所需要的领导权和社会控制权所演变而成的。"所以，大禹的治水组织已开始向国家雏形演变了。大禹的治水之功也奠定了其在华夏历史上的地位。

水，不仅孕育了文明，促进了生产，催生了政治，还是文字产生、城郭兴起的重要因素。人们因水而生、沿水而建、用水而思，由此衍生出了与水相关的众多文化。几千年来中国人的生活、国家制度、文化气质无不与水紧密相关，人们在长期的生产生活中创造出了异彩纷呈的水文化，这其中包括水行为文化、水物质文化、水精神文化、水利技术文化，可圈可点者，不在少数。

回溯四千年历史长河，不难发现安徽是中国水文化的重要源头，也是水利大省。

这里既有历史悠久的水利工程，亦有生动的水事活动，更有底蕴深厚的水文化内涵。淮河、长江、新安江三大水系自北而南流经安徽，留下了许多著名的水利工程遗产，如淮河流域的芍陂（安丰塘）和水门塘、长江流域的佟公坝、新安江流域的渔梁坝等。此外，安徽还有中国第五大淡水湖——巢湖，水资源可谓十分丰富。

正是优越的地理环境和丰富的水资源使得安徽水事活动频繁，水文化发达，在全国占有重要地位。早在先秦时期，沿淮地区的涡阳、蒙城等地诞生了老子、庄子等思想大家，老子提出的"上善若水，水善利万物而不争"，庄子的"水静则明烛须眉，平中准，大匠取法焉"，从不同侧面反映了水中蕴含的哲理，引领了中国水哲学思想数千年。

◎ 大禹图

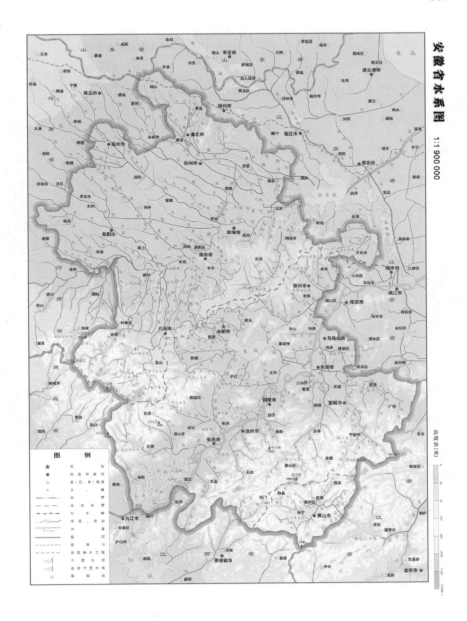

◎　安徽省水系图①

---

①　安徽省水利厅水利志编辑室提供。

作为中国南北分界线，淮河在安徽拥有独特的地位。淮河两岸不仅诞生了老庄等思想界的巨匠，也孕育了丰富的人文典故，更留下了"走千走万，不如淮河两岸"的民谚。这从一个侧面反映了淮河两岸物产丰饶、土肥水美的地理条件。所以早在部落联盟时期，人们便在淮河地区开始了农业生产与水事活动。进入文明时代以后，淮河流域逐渐得到开发，在淮河南岸的寿县地区出现了斗鸡台、青莲寺和清明孤堆文化遗址。这些遗址的出现，说明淮河南岸的寿县地区在夏商时期，社会经济便有了一定程度的发展。

对于以农为本的传统中国来说，文明的基础是建立在人、水、地的密切结合之上的。纵观我国数千年来的文明发展史，可以清楚地看到，农田水利的发展为社会文明进步创造了基本的物质条件。原始的防洪工程、简单的沟洫排水工程以及相应的陂塘灌溉工程随着农业的不断发展开始相继出现。

两淮地区，由于气候温暖，雨量充沛，土地肥沃，天然河道较多，具有发展

寿县斗鸡台遗址

斗鸡台遗址位于寿县双桥镇，为新石器时代晚期至商代遗址。相传为楚王斗鸡的地方。1956年被安徽省人民政府公布为省重点文物保护单位。1982年经北京大学考古发掘，发现有陶器、石器、铜器、骨器和大量卜骨等。斗鸡台遗址为典型的台地型遗址。因文化内涵丰富，器物特征明显，被学者命名为"斗鸡台文化"。该遗址为淮河流域夏商文化的研究提供了极为难得的资料。

司徒越与芍陂研究

司徒越（1914—1990年），原名孙方鲲，字剑鸣，安徽寿县人。著名书法家，曾任安徽省考古学会、博物馆学会理事。他的书法艺术独树一帜，正、草、隶、篆、甲骨、金文兼优，尤以狂草见长。司徒越先生工诗文、精篆刻、通考古，博学多才。由于长期在寿县博物馆工作，他潜心专注地方历史文化研究，曾发表《鄂君启节续探》《关于芍陂（安丰塘）始建时期的问题》《草书獭祭篇》等重要论文。其对芍陂早期创建问题的见解分析为学界所重视，现今立于安丰塘入口处的"芍陂"碑即为其所书。

◎　司徒越先生像

◎　司徒越先生所题"芍陂"碑刻

农业经济的优越条件，所以早在春秋时期，淮南地区就兴建了我国最古老的大型蓄水灌溉工程——芍陂。

说到"芍陂"一词，很多人可能在读法上会犯错。有人读之为"sháopō""sháopí""sháobēi"等等。即便是粗通文史之人，也可能对其古字读音拿捏不准。"芍陂"二字的正确读法应为"quèbēi"，音"鹊碑"。

芍陂，今称安丰塘，位于安徽淮南寿县境内，是中国进入文明时代后创建最早并延续至今仍在使用的大型灌排水利工程，至今已有2600余年历史。事实上，能够在中国历史上占有一席之地并延续至今的水利工程屈指可数，而芍陂便是中国水利史上一颗耀眼的明珠。

芍陂之兴修者，学界一般认为是春秋时期的孙叔敖。其创建历史比都江堰还要早300余年，位列中国古代四大水利工程之首。清代武同举亦称其为"淮河流域水利之冠"，在中国水利史、农业史上占有重要地位。芍陂1988年被国务院列为"全国重点文物保护单位"，2015年入选"世界灌溉工程遗产"和"中国重要农业文化遗产"名录。

芍陂的读音

"芍陂"在传世文献中最早见于《汉书·地理志》，该词的读音为"quèbēi"。有人认为"芍陂"名称从《水经注·肥水》中而来。根据记载，豪水东北流经白芍亭东边，蓄积成湖，谓之"芍陂"。也就是说芍陂之名的来历是陂中的白芍亭。著名水利史专家姚汉源先生曾对"芍陂"的读音做过解读，认为芍陂之名的来历，可能有三：一是以芍药或沟约（义为绰约），形容陂之美；二是以多凫茈（今名荸荠）等水产物得名；三是从"沟"义，为激水声，沟沟之声，为取水之声，"沟"通"酌"。他本人倾向于第三种可能，即芍陂古有取水灌田之利，因而得名。近来，陈立柱先生结合战国包山楚简中的"雷苴之田"的范围，运用古音韵学方法，对芍陂名称来历做了新的解读：认为"雷苴"可能是叠声字，其古音合读与"鹊"及"芍"音相近，是一音的异写。因此，可以据此判断，芍陂中的"芍"被读为"què"实为战国时期"雷苴"古读音的异写字。

◎ 安丰塘碑亭，位于安丰塘北堤（摄影：叶超）

最早的灌溉实践记载

就目前传世文献来看，最早记载中国灌溉水利实践的文献是《诗经》。《诗经·小雅·白华》中有"滮池北流，浸彼稻田"一句，虽然"滮池"可能并非一个很大的灌溉工程，但其北流而能浸稻田，达到一种利用自然地理条件实现自流灌溉的效果。

2600多年来，芍陂历经沧桑，几度兴衰，至今仍在造福一方百姓！原中国水利史研究会名誉会长姚汉源曾在《安丰塘志·序》中这样写道："芍陂的古老在我国塘堰水利史上首屈一指。它现在仍为亿万人所称颂，在这一点上最突出。如果是一个现代的平原水库，就不可能这样为中外人士所景仰。因为古老、历史长不是空洞的形容词，它蕴含着 2000 多年来无数创建者的智慧，无数劳动人民的血汗，是他们血肉精神的结晶，成为中国古老文化的千百见证之一。"

1973 年秋，联合国大坝委员会名誉主席托兰曾率代表团到安丰塘考察，当他看到烟波浩渺、绿柳成荫的古老芍陂焕发出勃勃生机时，发出由衷的赞叹：这是世界上最古老的塘！世界上最大的塘！

"天下第一塘"的美誉也就此传开。

世界灌溉工程遗产

世界灌溉工程遗产是国际灌溉排水委员会（ICID）于 2014 年开始主持评选的文化遗产保护项目。与联合国教科文组织主持评选的世界遗产不同，世界灌溉工程遗产着眼于挖掘和宣传水利灌溉工程发展史及其对文明的影响。截止到 2019 年，中国已有芍陂等 19 项水利灌溉工程成为世界灌溉工程遗产。

中国重要农业文化遗产

中国重要农业文化遗产是中华人民共和国农业农村部主持评定的农业文化遗产保护项目。从 2012 年开始，每两年发掘和认定一批中国重要农业文化遗产。旨在发掘重要农业文化遗产的历史价值、文化和社会功能，并在有效保护的基础上，努力实现文化、生态、社会和经济效益的统一，逐步形成中国重要农业文化遗产动态保护机制。

中国古代四大水利工程

中国古代四大水利工程指芍陂、都江堰、漳河渠、郑国渠。四大水利工程的兴建均关系到修建该工程诸侯国的国运兴衰。芍陂的修建，使得楚国在东方获得了稳定的农业收成，为楚庄王的称霸奠定了重要的经济基础。漳河渠的修建同样为魏国在战国初年称霸诸侯立下了汗马功劳。在四大水利工程中，都江堰和郑国渠这两大工程都是秦国所修，充分反映了秦国对农业水利工程的高度重视，这为秦国的崛起和最终统一奠定了重要基础。

漳河渠：又称漳水十二渠或西门渠，由战国初年魏国邺地县令西门豹主持兴建，位于今河北省临漳县邺镇和河南省安阳市北郊一带，是以漳水为源的大型引水灌溉渠系，对促进当地农业生产的发展起到重要作用。

郑国渠：郑国渠的修建颇有戏剧性。秦王嬴政即位后，统一六国的条件日臻成熟，而韩国更是其首要攻打目标。在这样的历史背景之下，韩国决定使用"疲秦之计"，即派水工郑国前往秦国，劝说秦王开挖大型灌溉工程。韩国当时认为，兴建这样的大型渠道，秦国一定会疲惫不堪，从而无力东伐，韩国便可以安全了。秦国果然中计，决定在泾水与洛水间修建水渠。在渠道施工过程中，秦王逐渐发现郑国的诡计，于是便要杀郑国。郑国却对秦王说：修此渠道，只能"为韩延数岁之命，而为秦建万世之功"。秦王觉得他说得有道理，便让他继续主持施工。工程经过十多年的修建，终于成功，后人便以郑国的名字来命名此渠。

都江堰：都江堰古称"湔堋""湔堰""金堤""都安大堰"，到宋时才称"都江堰"，坐落在成都平原西部的岷江上，灌溉着成都平原上的万顷农田。公元前256年，秦灭西周后以李冰为蜀守。李冰到四川后，做了两件事，一是整理青衣江水道，二是兴建都江堰。都江堰主要由三个部分组成：分水鱼嘴、飞沙堰和宝瓶口。三者之间配合紧密，组成了一个有机结合的整体，使极易泛滥的岷江水得以驯服。2000多年来，经过四川人民的不断扩建和维修，都江堰起到了较好的灌溉、防洪和航运的作用，使得成都平原成为沃野千里的"天府之国"。都江堰虽然在中国水利史上占有重要地位，但比芍陂水利工程要晚了300年左右。因此，芍陂才是中国进入文明时代以后最古老且至今仍在使用的古代大型水利工程。

第一篇
追寻历史的脚步：芍陂古今话沧桑

　　水善利万物而不争。从早期大禹治水开始，人们对水有了逐步深入的认识。古人临水而居，引水而耕，逐水而牧，通过长期的实践，从对水的被动依赖发展到对水的深度开发利用，迎来了一个质的飞跃。芍陂就是在这样的长期历史实践中应运而生的。

　　芍陂位于安徽省淮南市寿县古城以南30千米处。芍陂以南为冈丘连绵的江淮分水岭，其北至淮河南岸是沃野平原。这一地区雨量充沛，但年内分布不均，时有雨涝或旱灾。

　　芍陂创建的具体时间和创建者，由于年代久远，资料匮乏，已难考证，学界比较认同的看法是春秋时期孙叔敖创建说。此说认

◎　光绪《寿州志》载《安丰塘图》

为芍陂的创建与春秋时期楚国的东扩紧密相关。楚庄王时期，楚国势力达到鼎盛，而芍陂所在的淮河中游一带被纳入楚国版图，为芍陂的创建创造了必要的社会政治环境。

孙叔敖出任楚国令尹后，十分注重水利建设，"宣导川谷，波障源泉……堤防湖浦，以为池沼，钟天地之美，收九泽之利"①。据此可以推断堤防之设，始自楚相孙叔敖。可见，孙叔敖本身具有兴建水利工程的经验，其主政楚国后兴建芍陂等陂塘水利工程亦属应有之义。近年来，

楚庄王的霸业

楚庄王，春秋五霸之一，也是楚国最有成就的国君之一。

楚庄王继位之初，醉心玩乐。三年后，开始一鸣惊人，励精图治，揭开了成就霸业的序幕。他重用孙叔敖、伍举等一批有能力的忠臣，不断地开疆拓土。与此同时，他关注民生，兴修水利，让令尹孙叔敖在新占领的淮河南岸修建芍陂水利工程，减少了自然灾害对农业的影响，提高了产量，为对外扩张提供了必要的物资，也为此后争霸中原奠定了基础。

---

① 洪适：《隶释·隶续》卷3《楚相孙叔敖碑》，北京：中华书局，1985年，第37—38页。

陈立柱先生结合包山楚简中的"葆茝之田"与芍陂灌区进行比较，有力地支持了春秋时期孙叔敖创建说。[①]

一、楚国东扩与芍陂肇建：春秋战国时期

作为中国最古老的灌溉水利工程，芍陂的创建，有偶然的因素，但偶然中又包含了某种必然。

芍陂的兴修，为什么是在楚国？

芍陂创建者，为什么是孙叔敖？

芍陂的出现，为什么是在寿春？

首先我们来看，楚国为何会修建芍陂这样的水利工程。

事实上，春秋战国时期，楚国境内地势起伏较大，地貌类型较为复杂。楚人立国之初，主要活动在雎山与荆山之间的地理环境中，"筚路蓝缕，以处草莽，跋涉山林，以事天子"[②]。此后，楚人从山区走向平原，并先后在今湖北境内的江汉平原、河南南阳盆地、安徽境内的江淮平原建立了自己的势力范围，楚国的版图向南、向东有较大扩展。

公元前648年，雄才大略的楚成王灭黄（今河南省光山县境内）。公元前646年楚国灭英（今安徽省金寨县、霍山县之间），势力到达今豫东南及皖西大别山东北麓。公元前632年，楚国在城濮之战中败于晋，北进中原一度受阻，但其称霸诸侯之雄心并未消减。于是，楚国转而东向扩张。在接下来的几年时间里，楚国先后灭掉六（今安徽

① 陈立柱：《结合楚简重论芍陂的创始与地理问题》，《安徽师范大学学报》，2012年第4期。

② 杨伯峻：《春秋左传注·昭公十二年》，北京：中华书局，1981年，第1339页。

省六安市境内）、蓼（今安徽省霍邱县以及寿县南境，河南省固始县东境），征服群舒（今安徽省舒城、庐江、桐城一带）。

楚庄王即位后，承先世之大略，积极开疆拓土。公元前601年，群舒再叛，楚庄王趁机灭舒、蓼，将版图扩充至今安徽无为、巢湖之间，兵锋抵达长江北岸，与吴、越形成鼎立格局。

春秋时期，诸侯崛起不仅带来了政治上的新格局，也推动了社会的深刻变化。农业生产与社会变动息息相关，而水利之兴衰，又决定着农业的丰欠，继而影响国运。诸侯列强为在激烈的竞争中扩充实力，不得不重视农业生产与水利兴修。于是，一系列重要的水利工程在这一时期应运而生，而芍陂就是其中的佼佼者！

楚人初期立足江汉平原。这一带是中国稻作文化发源地之一，对于水利和稻作的关系，楚人有较丰富的经验。他们来到江淮地区，六、蓼、群舒等小国刚刚臣服，北面又有齐、晋大国的威胁，势必要重兵把守。而驻守重兵，则需大批的军粮，无论是就地征调还是由本土东运，在当时都有很大的困难。作为一代霸主的楚庄王，对此有清醒的认识。就地取材，利用当地的自然条件兴建农田水利，才是解决军粮问题的唯一途径。正是在这样的历史背景下，楚人开始了对江淮地区农田水利的开发。

从春秋末期开始，上百年的时间里，安徽境内的淮北地区是数代楚王常居之地，春秋后期的楚灵王、楚平王、楚昭王，战国初年的楚简王、楚声王、楚悼王长居淮北之地达百年之久。楚国政治中心转移到淮河中游地区，必然影响着当地社会经济的发展，带来人口的增加和土地的开发。在楚平王、楚昭王时期，芍陂一带已成为楚王养马之地和经济开发区了，这显然与早期楚庄王时代开发江淮地区，垦殖生产，兴建陂塘水利工程有莫大关系。可见，芍陂工程诞生于楚国，一方面是楚国北上争霸的需要，另一方面也是楚国强大国力的表现。

那么，芍陂的创建者为什么是孙叔敖而不可能是其他人呢？

这是因为孙叔敖最有条件完成这一水利工程。

孙叔敖创建芍陂，显然不是一时兴起，更不是毫无准备的临时之举。其在没有任何现代机械设备的条件下完成如此巨大的水利工程，没有一定的技术背景是很难想象的。事实上，孙叔敖修芍陂与其出生于土木工程世家有密切的关系。他的父亲蒍贾担任过楚国的工正（《左传·宣公十一年》记载"蒍贾为工正"）。工正即是百工之长。上古时期，某一手工业专长常常是由某一部（家）族长期专有的，蒍贾的兄长蒍艾猎为令尹，也曾组织大规模的土木工程施工，曾经在一个月之内就筑成一座大城，是一位富有经验的土木工程专家。也有学者认为蒍艾猎即是孙叔敖。无论怎样，都可以说明蒍氏家族在土木工程方面的造诣是相当深厚的。孙叔敖出生于这样的世家，从小便受到熏陶，其早年能"决期思之水而灌雩娄之野"，即是受家庭熏陶与教育的结果。后来孙叔敖成为楚国的令尹，指挥部下规划修建更大规模的陂塘灌溉系统，就在情理之中了。所以，芍陂创于孙叔敖之手的观点，有其深厚的工程世家的背景，也更贴近于历史的真实。至于有学者认为芍陂由战国时期的子思创建，则属于孤证。子思其人其事，史书也多不具载。因此，他要想调动百姓修建芍陂这样的大型水利工程是不太可能的。[1]

---

① 刘和惠：《孙叔敖始创芍陂考》，《社会科学战线》，1982 年第 2 期。

◎ 寿县孙公祠内孙叔敖像（摄影：李松）

孙叔敖家世

芈姓，蔿氏，名敖，字孙叔，河南淮滨县人。春秋时期楚国令尹。

孙叔敖的父亲蔿贾是春秋时期楚国司马，主掌国家工程和军事。这种世家大族背景，对孙叔敖的教育和后期的发展起到很大作用。后来蔿贾被陷害，孙叔敖和母亲幸得逃脱。在避难时期，生活较为艰难，孙叔敖体验了不同阶层的生活，这直接影响到他后来的为官心态和对待百姓的态度。公元前597年，孙叔敖辅佐楚庄王在邲之战中取得胜利，确立了其霸主地位。楚国也走上了一个新的台阶。单士元先生曾赋诗指出孙叔敖创建芍陂的功绩："楚相千秋业，芍陂富万家。丰功同大禹，伟业冠中华。"可谓评价中肯。

孙叔敖创建芍陂，为何会选址在寿春这个地方呢？这主要有三个方面的原因。

其一，自然地理条件的优越是创建芍陂水利工程的环境基础。

芍陂水利工程选址于寿春之地，是非常科学的。它位于淮河南岸，介于淠河、东淝河之间，整个地势南高北低。其西南部为大别山余脉，芍陂之水上引龙穴山、淠河水源，下灌淮南1300多平方千米的淠东平原。整个工程依南高北低之势，成簸箕状。西南部岗岭山水沿地势东北顺流，汇聚于老庙集一带，在此筑坝拦水，灌溉千里沃野。整个工程布局合理，宣泄有序，灌溉有时，体现了古人高度的智慧。加之这里土地肥沃，雨量充沛，资源丰富，成为楚国经营东部地区，北上图霸的战略要地。

其二，政治环境的稳定是芍陂得以创建的社会条件。

孙叔敖选择在淮河南岸这个地方修建芍陂，是有一个前提条件的，那就是楚国对江淮地区的牢牢控制。如果这一地区没有被楚国掌控，或者经常发生战争，那是无法完成大型水利工程修建的。事实上，在楚成王、楚穆王时期，楚国势力已达到淮南地区。公元前 622 年至公元前 615 年，楚穆王先后灭六（今安徽六安境）、蓼（今安徽霍邱县以及寿县南境、河南固始以东地区）、群舒（今安徽舒城、庐江、桐城一带）等小国。楚庄王即位后，群舒再叛，庄王乘机灭舒、蓼，拓境至安徽无为、巢湖之间，兵锋达到长江北岸。楚国

芍陂修建于寿春的地理条件

淮河是我国自然地理南北分界线，其中游地区支流众多，属于典型的不对称羽状水系，淮河南岸多山地丘陵，支流少而短促，这些支流多发源于大别山区，皖西南大别山区丰沛的水源，顺东北方向，形成许多支流，如史河、汲河、沣河、淠河、东淝河等，最后注入淮河。淮河南岸年降雨量在 800 毫米到 1500 毫米之间，降雨量较为丰沛。安丰塘的修建，是人们充分利用地理条件（地形和水文）修建水库的成功典范。芍陂创建之早、选址之科学、工程布局之合理，直到今天来看，仍然是不可多得的水利工程的典范！[①]

---

① 《芍陂水利史论文集》（内部资料），1988 年，第 54 页。

对江淮地区的控制，逐渐稳定了当地的社会秩序，为修建大型水利工程创造了必要的社会政治条件。

其三，稻作农业的灌溉需要是芍陂创建于淮南地区的又一重要因素。

"治稻者，蓄陂塘以潴之。"（王祯《农书》卷七）淮河流域稻作农业源远流长，近几十年来的考古早已证明这一点。众所周知，稻作对于水利的要求比旱作要求高。而淮南寿县一带，有淠河、淝河等河流自西南向东北汇入淮河，加之这里雨量充沛，水源条件良好，土壤和气候条件也非常适合稻作农业生产。因此，楚国控制这一地区后，结合当地原有"火耕水耨"的稻田作业方式，兴修水利工程、发展农田水利、满足稻田灌溉成为一种必然选择。

关于芍陂的规模，学界一直存在争议。刘和惠认为，"芍陂原来的面积大约合今八十余平方公里。这个规模，一直到元以前，没有发生什么大的变化"，故持"周一百二十里许"的观点。有学者认为芍陂自创建至南北朝时规模较大，而隋至元代则不断缩小。许芝祥先生通过实地考

司马迁《史记》为何没有记载芍陂？

司马迁在《史记》里记载了当时全国许多著名的水利工程，但没有提到芍陂。出现这种现象的原因可能有三种：一是司马迁没有实地考察过淮南地区，可能没有在寿县一带停留过，因而不了解此地水利工程的情况。虽然《史记》中有"郢之后徙寿春，亦一都会也"的记载，但司马迁本人是否亲自来过此地考察并熟悉当地地理情况，尚难断定，因而可能出现不了解而忽略的情形。二是芍陂水利一带在战国时期成为楚国的"蓄苴之田"和养马之地。可能马政的实施，使得这一地区的水利农田遭到破坏，使之改观或湮废。以致到西汉时期，芍陂之利已失，故而司马迁没有记载。三是可能在秦汉时期，芍陂由于常年失修而造成荒废，仅留极小规模而不引人注目，故而司马迁也没有记载。

察，认为早期芍陂周约一百二十许里，唐宋时有所扩大，南北径长达百里[1]。原因在于经过长期使用，"原来'积而为湖'的库区因泥沙自然淤积，'陂池地渐高'；历代修治时，堤堰增筑加高，南部和东部地势较高处淹没范围相应扩大"。笔者同意许氏观点。经历代不断修治，芍陂规模呈动态变迁完全可能。例如隋朝寿州总管长史赵轨在芍陂旧有五门的基础上更开三十六门，宋代张旨知安丰县时"浚渒河三十里，疏泄支流注芍陂，为斗门"，都是芍陂规模扩大的表现。而且南宋王之道在《戍兵营田安丰芍陂札子》中明确说芍陂，"其陂之长阔各六十里"，周长更是达到 240 里左右。凡此种种，都是这种动态变化的体现。

◎ 表 1 芍陂周、径史料简表[2]

序号	朝代	年份	文献出处	原记载摘要	备注
1	北魏	527 年	《水经注·肥水》	陂周一百二十许里	
2	唐代	676 年	李贤《后汉书·王景传·注》	陂径百里	
3	唐代	803 年	《通典·州郡·寿春郡》	其陂径百里	
4	唐代	813 年	《元和郡县图志》	①芍陂周三百二十四里，径百里②芍陂周二百里，径百里	《元和郡县图志》南宋时已佚，今本无此条。此据《读史方舆纪要·江南三》转引
5	宋代	980—983 年	《太平寰宇记·淮南道七·寿州》	凡经百里	
6	宋代	983 年	《太平御览·地部·陂》	凡经百里	
7	宋代		《华夷对境图》	①芍陂周围三百二十四里②芍陂周围二百二十四里	①据《资治通鉴·魏纪》正始二年"决芍陂"胡三省注，②据《水经注·肥水》全祖望按语转引

---

[1] 古代的 100 里约相当于现代的 44 千米。

[2] 朱更翎：《安丰塘史料溯源及其工程演变》//《芍陂水利史论文集》（内部资料），1988 年。

芍陂水利灌溉面积也随着芍陂自身规模的变化而有所盈缩。虽然史书有"四万顷""万余顷""万顷""数千顷""数百顷"等不同记载，但从中依然能够梳理出其灌溉盈缩变化规律。《太平御览》持"四万顷"说，光绪《寿州志》引其说而正其误，注云："四，疑是田字之讹。""数百顷"则是芍陂荒废时的极端情况。如清顺治十二年（1655年）李大升《重修芍陂塘记》载："自明季之后……民不获其利者，于今三十余年矣。"而"导淮委员会"所编的《治水兴利》载，民国时期，芍陂"蓄水之效，几已全失"。新中国成立之初，芍陂灌溉面积仅为八万亩，合八百顷。排除上述极端案例，根据记载，可以发现芍陂灌溉面积与其规模大小的变迁呈现正相关。每当芍陂水利得到修复、水源丰沛时，其灌溉面积相应扩大，以至万顷。南朝宋毛修之"复芍陂，起田数千顷"。宋代张旨修芍陂后，"溉田数万顷"。杨汲在修复古芍陂后，也是"灌田万顷"。此种情况不胜枚举。而每当其水源不济、水塘面积萎缩时，则灌田效益会大打折扣，甚至出现溉田数百顷的情况。总体说来，芍陂在不同历史时期灌溉面积的盈缩受到社会政治环境、水源引流状况、治理情况等诸多条件的制约，其效益最大时或能灌田五千顷是比较符合历史实际的。

二、置官管理与修治利用：秦汉魏晋南北朝时期

战国时期，江淮之地作为楚国重要的农业经济区，成为"膏腴之田"，直至秦灭楚国。两汉时期，社会经济稳步发展，地处江淮沃野之地的芍陂水利，日益受到朝廷重视，以至在此设官进行专门管理。

"寿州，……其大陂曰芍，古尝溉百万亩，淠水注焉。汉置陂官。"① 1959 年安徽省文物工作队曾在芍陂发掘出一座汉代水利工程遗址——草土混合结构的堰坝，并出土了汉代"都水官"铁锤及铁犁铧等文物，说明当时芍陂已为官方所管理。② 这意味着芍陂水利因其巨大的效益而成为政府专项管理的工程，是历史上首次明确记载设官管理的陂塘灌溉工程，芍陂的发展由此进入到一个新的发展阶段。东汉时期，王景出任庐江太守，这位曾治理黄河水患的水利工程专家，获悉辖境有孙叔敖所建芍陂稻田，便立即带领百姓清理芜秽，教用犁耕，发展生产，实现了境内丰给。这次修治，是芍陂创建以来，见诸于文字记载的首次大修。

曹魏时期，扬州刺史刘馥曾"修治芍陂及茹陂、七门、吴塘诸竭，以溉稻田，官民有蓄"。正始四年（243 年），邓艾进一步扩大在淮南的屯田规模，同时对芍陂进行了整修。"旁为小陂五十余所，沿淮

◎ 芍陂出土汉代"都水官"铁锤，安徽省博物院藏

陂官的设立

芍陂水利设官管理的最早记载是在《汉书·地理志》中，"九江郡，秦置。高帝四年，更名淮南国。武帝元狩元年，复故。有陂官、湖官。县十五，寿春邑……"当时寿春邑是九江郡治所在地。而除了寿春邑之外，九江郡其余十四县没见有"陂"的记载。因此，可以断定当时九江郡所设"陂官"，实为专门管理芍陂的岗位。

---

① 宋祁：《景文集》卷 46《寿州风俗记》，文渊阁四库全书，台北：商务印书馆，1986 年，第 1088 册，第 0409 页。

② 殷涤非：《安徽省寿县安丰塘发现汉代闸坝工程遗址》，《文物》，1960 年第 1 期。

诸镇，并仰给于此。"①

邓艾在江淮间对芍陂等水利工程的修治，目的是屯田，客观上促进了地方农田水利建设，取得了良好效果。《晋书·食货志》中这样称赞邓艾的功劳："遂北临淮水，自钟离而南，横石以西，尽沘水四百余里，五里置一营，营六十人，且佃且守。兼修广淮阳、百尺二渠，上引河流，下通淮颍，大治诸陂于颍南、颍北，穿渠三百余里，溉田二万顷，淮南、淮北皆相连接。自寿春到京师，农官兵田，鸡犬之声，阡陌相属。每东南有事，大军出征，泛舟而下，达于江淮，资食有储，而无水害，艾所建也。"

两晋南北朝时期，芍陂时废时兴。太康年间，淮南相刘颂修芍陂，"年用数万人，……颂使大小勠力，计功受分，百姓歌其平惠"②。可惜此后东晋政权偏安一隅，南北分裂，昔日良畴万顷的芍陂，灌溉之利也大打折扣。至东晋末年，毛修之修复芍陂时，只能"起田数千顷"了。之

① 顾祖禹：《读史方舆纪要》卷21《南直三·凤阳府·寿州》"芍陂"条，北京：中华书局，2005年，第1024页。
② 房玄龄等：《晋书·列传第十六》，北京：中华书局，1974年，第1294页。

刘馥与芍陂历史上的首次屯田

（？—208年），字元颖，沛国相县（今安徽濉溪县西北）人。东汉末年避难于淮南，成为曹操掾属。公元200年，孙策派人攻杀了扬州刺史严象，江淮地区因局势混乱而残破荒废。曹操认为刘馥可以稳定东南地区，于是表奏刘馥为扬州刺史。刘馥受命后，单枪匹马来到合肥空城，在那里建立了扬州的新治所（原治所在历阳）。他励精图治，在任的数年间，大行恩惠与教化，兴办学校，发展生产，兴修水利，修建芍陂、茹陂、七门、吴塘等蓄水工程灌溉稻田，进行大规模屯田，同时加强城池守备，颇有功绩，深受百姓爱戴。

邓艾

字士载，义阳棘阳（今河南新野东北）人。魏正始年间（240—248年），为解决南伐孙吴的军需供应，奉命于淮南、淮北屯田。他认为，两淮地区田良水少，不足以尽地利。于是著《济河论》，提出开渠引水灌溉的建议，认为这既可大积军粮，又能通漕运。为了实现屯田济军的计划，邓艾在两淮地区屯田积谷，且佃且守，除水患，兴水利，淤者疏之，滞者浚之，并于安丰塘北堤建大香水门，开渠引安丰塘水直达寿县城濠，既增灌溉，又通漕运。他还在安丰塘周围地区兴建50余座小塘坝，用以调节水量，扩大灌溉面积，使安丰塘的效益得到充分发挥。水尽其用，地尽其利，官民有蓄。《读史方舆纪要》称"沿淮诸镇，并仰给于此"。《芍陂纪事》载"孙公之利得艾益溥"。安丰塘畔曾建有邓公庙，以纪念他治陂的功绩。

后的宋、齐、梁、陈四代，以刘宋政权的刘义欣对芍陂的修治最为用心。当时芍陂"堤堨久坏，秋夏常苦旱。义欣遣咨议参军殷肃循行修理"。殷肃了解芍陂上游引渒入陂的旧渠年久失修，树木堵塞，便率人伐木开榛，"水得通注，旱患由是得除"①。但由于寿县处于南北交战之地，战乱频仍，芍陂很快又陷入堤埂崩塌的状况之中。

---

① 沈约：《宋书·列传第十一》，北京：中华书局，1974年，第1465页。

《水经注》中的芍陂

"淠水又西北分为二水，芍陂出焉。"（《水经注·沘水》）

"肥水自荻丘北迳成德县故城西，王莽更之曰平阿也。又北迳芍陂东，又北迳死虎塘东，芍陂渎上承井门，与芍陂更相通注，故《经》言入芍陂矣。肥水又北，右合阎涧水，上承施水于合肥县，北流迳浚道县西，水积为阳湖。阳湖水自塘西北迳死虎亭南，夹横塘西注。宋泰始初，豫州司马刘顺帅众八千，据其城地，以拒刘勔。赵叔宝以精兵五千，送粮死虎，刘勔破之。此塘水分为二，洛涧出焉。黎浆水注之。水受芍陂，陂水上承洋水于五门亭南，别为断神水；又东北迳五门亭东，亭为二水之会也。断神水又东北迳神迹亭东，又北，谓之豪水。虽广异名，事实一水。又东北迳白芍亭东，积而为湖，谓之芍陂。陂周百二十许里，在寿春县南八十里，言楚相孙叔敖所造。魏太尉王凌与吴将张休战于芍陂，即此处也。陂有五门，吐纳川流。西北为香门陂，陂水北迳孙叔敖祠下，谓之芍陂渎，又北分为二水，一水东注黎浆水，黎浆水东迳黎浆亭南，文钦之叛，吴军北入，诸葛绪拒之于黎浆，即此水也。东注肥水，谓之黎浆水口。"（《水经注·肥水》）

◎ 《水经注》书影

北魏时期，著名地理学家郦道元在为《水经》做注时，首次对芍陂做了详细记载。郦道元通过对淮河水系的系统梳理，尤其是通过对"肥水"和"沘水"的考察，对芍陂做了较为全面的记录。这些记录涵盖芍陂的空间地理情况，水源来源情况，芍陂规模及水门情况，述及芍陂的创建者，芍陂名称来历，芍陂地区发生的史事等，是有关芍陂详细情况的最早最全面的记载，是研究芍陂水利历史的珍贵资料。

三、兴利除弊与芍陂屯田：隋唐宋元时期

水利的发展往往与社会政治环境密切相关。政治统一、社会安定，则芍陂水利会成为重要的粮赋之地，朝廷对芍陂较为重视。而每遇战乱，芍陂地冲南北之要，往往成为军事冲突之要地，难免遭遇损毁废弃。隋唐时期，社会环境相对稳定，为芍陂的复兴提供了良好的社会条件。这一时期修治芍陂最为著名者是隋朝赵轨，他针对芍陂的芜秽不修，"劝课人吏，更开三十六门，灌田五千余顷"。第一次将芍陂水门增至三十六个，极大便利了淮南农业生产的发展。如此众多的水门反映出芍陂在隋唐时期达到了一个发展的高峰，其灌溉面积自然有所增加。此后，唐王朝在此基础上于"寿州置芍陂屯，厥田沃壤，大获其利"。唐宣宗时期，浑偘知寿州，发现芍陂被地方豪强势力强占水源，百姓难享其利，他立即着手整顿治理，"水复盛溢，沃野之利，岁岁增多"①。五代时

刘颂

字子雅，广陵（今江苏淮安市淮阴区）人，太康年间（280—289年）为淮南相。他为官严整，执法公正，甚有政绩。他主持修治芍陂，"年用数万人"。当时由于豪强兼并，孤贫失业。刘颂采取"计功受分"的办法，调动民众修塘的积极性，使芍陂得到了修治，受到当地民众的赞颂。刘颂治理芍陂有两点值得关注。一是其"年用数万人"的记载，尽管记述笼统，却是芍陂历史上有关施工人数的最早记录。二是他采用"计功受分"的方式修治芍陂，也是历史上首次出现，是一种相对科学的修治水利工程的方法。

毛修之

（375—446年），字敬之，荥阳阳武人。他少有大志，精通史籍、音律、骑射之术。当时刘裕意图北伐后秦，便先派毛修之修治芍陂，开良田数千顷。毛修之此次对芍陂的修复，主要是出于军事目的，其起田数千顷，为刘裕北进提供了必要的物质保障。

① 路岩：《义昌军节度使浑公神道碑》//《全唐文》卷792，北京：中华书局，1983年，第8297页。

期，芍陂继续保持了良好的灌溉效益。"州有安丰塘，溉田万顷，以故无凶岁。"[1]

历史上关于芍陂屯田最早的记载是建安五年（200年），刘馥出任扬州刺史，在江淮之地广屯田，兴治水利。到了东汉建安十四年（209年），曹操引水军自涡入淮，出肥水，军合肥，开芍陂屯田。此后邓艾在此基础上进一步扩大屯田规模，为曹魏政权提供了稳定的军粮和物资供应。陆游《南唐书·刘仁赡传》卷13载："唐亦兴屯田，修边备，以寿州为最要地。"说明芍陂一带的屯田，对稳定王朝的统治具有举足轻重的影响。

两宋时期，对芍陂修治有贡献者包括崔立、李若谷、张公仪、张旨、杨汲等人。宋仁宗明道元年（1032年）淮南出现饥荒，朝廷认为灾荒的出现，不仅缘于自然天灾，还缘于人为管理不善、治理不当。此时，河内（今河南沁阳市）人张旨挺身而出，向宰相吕夷简毛遂自荐，"陈救御之策"，得到了吕夷简的认可。很快张旨被任命为安丰县令，前往淮南纾解困

刘义欣

长沙景王刘道怜之子。元嘉七年（430年），持节监豫、司、雍、并四州诸军事，镇寿阳（今安徽寿县）。当时芍陂堤堰久坏，淠源河淤塞，塘不注水，夏秋之际常发生干旱。刘义欣派咨议参军殷肃，整修堤堰，砍伐淠源河中的杂草、树丛，疏浚渠道，引水入塘，解除了旱患，使豫州成为盛藩强镇。

赵轨

河南洛阳人，隋高祖时（581—600年），为寿州总管长史。此时的芍陂，因长久没有修治，原有的5座放水口门已经荒芜。赵轨劝告地方官吏、乡绅，征集劳动人民进行整修、扩建，开36座口门，"灌田五千余顷，人赖其利"。这是继邓艾之后，安丰塘工程的又一次扩建。尤其是他扩建的口门达到36座，创历代芍陂口门之最，是芍陂历史上成效最突出的一次修治。

---

① 陆游：《南唐书·刘彦贞传》卷9，北京：中华书局，1985年，第190页。

厄。张旨一心救民于水火。他到达安丰后，迅速采取措施，"大募富民输粟，以给饿者"，赈济灾民。接着"浚淠河三十里，疏泄支流注芍陂，为斗门，溉田数万顷，外筑堤以备水患"，兴利除害，以为治本之策。张旨此举可谓用心良苦。因为只有安抚民心，让百姓免于饥饿，才能组织人力兴修工程，才能治本。张旨治理芍陂的工程较为系统，包括四个部分：一是疏浚淠河；二是疏导其他连接芍陂的支流；三是兴建出水斗门；四是修筑防水堤。这样，既引水入陂，增强了抗旱、灌溉能力，又能防范洪涝，策略得当，深得兴利除害之要。如此巨大工程，张旨大约用了三年时间才完成。能有如此大的作为，与其"鸷武有谋略"的才干是分不开的。张旨本是行伍出身，做事干练有谋略。他曾屡破盗贼，展现了其强悍、聪慧的过人之处，这为他在安丰任上治水成功奠定了基础。①

比较有意思的是，宋代还有一位姓张的官员为芍陂之兴立下了汗马功劳，他就是王安石笔下的张公仪。

"安丰塘"名称的由来

"安丰塘"一词最早出现在《旧唐书·地理志三》中："安丰，汉六国，故城在县南。梁置安丰郡。县界有芍陂，灌田万顷，号安丰塘。隋因置县。"从这段记载不难看出，隋代以前，芍陂并无安丰塘之名。唐代以后，才有此称。概因其位于安丰郡内，故称之为"安丰塘"。

张旨

字仲微，怀州河内（今河南沁阳市）人。明道年间（1032—1033年），淮南发生饥荒，张旨受命任安丰知县。他大募富人捐粮救济饥饿的百姓，继之修治安丰塘以为治本之策。他主持修浚淠河30里，疏泄支流，引水进安丰塘，整修斗门，筑堤防御水患，灌田数万顷。经这次修治安丰塘后，寿县一带出现了繁荣景象。

---

① 胡传志：《北宋治理芍陂考》，《徐州工程学院学报》，2014年第2期。

崔立

(979 — 1043 年)，字本之，鄢陵人，宋代官员，官任工部侍郎。咸平年间，他在出任寿州（治所在今安徽寿县）、安丰（今安徽霍邱县）知县时，遭遇连年水灾，安丰塘堤防被大水冲毁，环塘民户失去灌溉之利。崔立紧急征集工匠整修堤防，每天亲临指挥督工，用一个多月的时间整修完毕，百姓得以安居乐业。

李若谷

字子渊，徐州丰县人。天圣年间（1023 — 1031 年）知寿州时，豪强侵占塘滩围垦成田。夏季雨大时，塘内水位上升，淹没围田。豪强们便盗决塘堤，以保塘内围田。李若谷调查了解后，驱逐了占垦者。每遇塘堤被决，便指令靠近决口附近的豪强去堵塞，盗决乃止。

张公仪为何许人？其生平失考。王安石《送张公仪宰安丰》称张公仪为“楚客”，说明他是楚地人，很可能与王安石、金君卿同为江西人。王诗又称“雁飞南北三两回”，说明他此前在京任职两三年时间，又称“秘书一官”，说明他曾担任秘书丞，应与金君卿为同事，甚至可能与金、王二人同年及第。末句“寿酒”云云，颇疑该年张公仪为 30 岁。张公仪修治芍陂之事，史书未载。据胡传志先生考证，楚人张公仪于皇祐三年（1051 年）出任安丰县令，在皇祐三年至皇祐五年之间，组织力量修治芍陂，取得了不错的治理效果。这在王安石、金君卿、陈舜俞等人唱和的诗作中也有明确的反映。

另一位对芍陂有重要贡献的是李若谷，他在天圣年间知寿州时，发现芍陂被许多豪强围垦成田，便着手将对芍陂的治理与对人的治理结合起来。因此其治理的主要贡献在于对占垦者的处理。“若谷摘冒占田者逐之，每决，辄调濒陂诸豪，使塞堤，盗决乃止。”[1] 通过这种强力手段

---

① 脱脱等：《宋史·列传第五十》，北京：中华书局，1977 年，第 9739 页。

对占垦芍陂者进行有力打击，维护了芍陂水利的工程效益，使芍陂得到复兴。

迄至宋代，已历一千余年的芍陂几经兴废，但其灌溉效益却受到两宋王朝的空前关注。熙宁二年（1069年）颁布实行的《农田利害条约》直接促进了水利事业的发展，对芍陂工程修缮有明显影响。多位任职于寿州的地方官员曾努力修缮芍陂，恢复和增强其灌溉功能。据史书记载，宋代曾先后对芍陂进行过8次修缮（具体如表2所示）。相较而言，此前各朝代对芍陂的修缮次数都不及两宋。粗略统计，汉代王景和刘馥各修1次，三国邓艾修1次，西晋刘颂修1次，东晋毛修之修1次，南朝刘义欣、垣崇祖、裴邃各修1次，隋朝赵轨修1次，唐代浑偘修1次。对比可见，宋代寿州官员更重视芍陂修缮。南宋时期，虽然战争不断，但是亦未疏于对芍陂水利的维护。《宋史·食货志》记有比部员外郎①李咏奏议："淮西高原处，旧有陂塘，请给钱米，以时修浚。"便是朝廷重视农田水利的反映。

◎　表2　宋代芍陂修缮情况表

年号纪年	公元纪年	修缮情况	修缮者	出处
咸平间	998—1003年	大水坏期斯塘，立躬督缮治，逾月而成。	崔立	《宋史·崔立传》卷126
天圣中	1023—1031年	豪右多分占芍陂，陂皆美田，夏雨溢坏田，辄盗决。若谷摘冒占田者逐之，每决，辄调濒陂诸豪，使塞堤，盗决乃止。	李若谷	《宋史·李若谷传》卷291

---

① 比部员外郎：宋代负责审核内外账籍及赃罚欠负之事的官员。

续表

年号纪年	公元	修缮情况	修缮者	出处
明道中	1032—1033年	浚淠河三十里，疏泄支流注芍陂，为斗门，溉田数万顷，外筑堤以备水患。	张旨	《宋史·张旨传》卷301
皇祐三年至五年	1051—1053年	开水门、修堤防。	张公仪	王安石、金君卿等所作诗篇
熙宁九年	1076年	修古芍陂，引汉泉灌田万顷。	杨汲	《宋史·杨汲传》卷355
熙宁九年	1076年	刘瑾言"……寿州安丰县芍陂等，可兴置。……"从之。	不详	《皇宋通鉴长编纪事本末·神宗皇帝》
乾道中	1165—1173年	复芍陂、七门堰，农政用修	赵善俊	《宋史·赵善俊传》卷247
隆兴年间	不详	修筑芍陂水利，邑民赖之	陈洙	弘治《八闽通志》卷64

赵善俊

字俊臣。乾道年间知庐州时，重修芍陂、七门堰，农政用修，并免除属邑坊场、河渡羡钱，百姓非常感激他。

陈洙

字圣涯，建阳人。嗜学刻苦，博通群书。隆兴初，经胡铨推荐，知安丰县。在任时他兴学校、括废田以养士，修芍陂以兴灌溉之利，邑民赖。性重义、好施予，家无盈余。

宋代的多次修缮和加强管理，使芍陂规模有所扩大，灌溉能力获得进一步提高，为元代在该地区广兴屯田奠定了基础。

元朝建立后，芍陂灌区作为重要的粮赋之地，不但没有被湮废，反而获得进一步发展，主要表现在三个方面：其一，芍陂屯田获得空前发展；其二，对芍陂地区赈灾的施行成为常态；其三，《农桑衣食撮要》的撰成。

我们首先来看屯田的进展。

《元史》卷100载："国初，用兵征讨，遇坚城大敌，则必屯田以守之。海内既一，于是内而各卫，外而行省，皆立屯田，以资军饷。或因古之制，或以地之宜，其为虑盖甚详密矣。大抵芍陂、洪泽、甘肃、瓜沙，因昔人之制，其地利盖不减于旧。……天下无不可屯之兵，无不可耕之地矣。"元代陕西、四川、两淮、云南、河南、河北、甘肃等地广泛屯田，而芍陂屯区就是其中的重要代表，其具体屯田情况如表3所示。

> **王之道**
> （1093—1169 年），字彦猷，庐州濡须人。善写文章，明白晓畅，诗亦真朴有致。为人慷慨有气节。曾撰写《戎兵营田安丰芍陂札子》和《谒安丰军遗爱侯孙叔敖文》，对营田芍陂颇有见地。著有《相山集》30 卷。

◎ 表3　元代芍陂屯田情况表①

序号	年号纪年	公元纪年	屯田情况	出处
1	至元十二年	1275 年	籍南宋盐徒六千人"屯田于淮之芍陂"。	《元史·沙全传》卷 132
2	至元前期	1284 年以前	昂吉儿请立屯田，以给军饷，帝从之。既而阿塔海言："屯田所用人牛农具甚众，今方有事日本，若复调发民兵，将不胜动摇矣。"议遂寝。	《元史·昂吉儿传》卷 132
3	至元二十一年正月	1284 年	阔阔你敦言："屯田芍陂兵二千，布种二千石，得粳糯二万五千石有奇，乞增新附军二千。"从之。	《元史·世祖十》卷 13
4	至元二十一年二月	1284 年	江淮行省言："安丰之芍陂，可溉田万余顷，乞置三万人立屯。"中书省议："发军士二千人，姑试行之。"	《元史·兵三》卷 100
5	至元二十一年	1284 年	江淮行省言："安丰之芍陂可溉田万顷，若立屯开耕，实为便益。"从之。于安丰县立万户府，屯户一万四千八百有奇。	《元史·地理二》卷 59
6	至元二十二年正月	1285 年	阔阔你敦言："先有旨遣军二千屯田芍陂，试土之肥硗，去秋已收米二万余石，请增屯士二千人。"从之。	《元史·世祖十》卷 13

---

① 熊帝兵：《元代芍陂灌区农业发展管窥》//《芍陂古水利工程研讨会论文集》（内部印刷），2013 年。

续表

序号	年号纪年	公元纪年	屯田情况	出处
7	约至元二十二年至二十五年	1285—1288年	宣慰使燕公楠复以为言，帝乃遣数千人，即芍陂、洪泽试之，果如昂吉儿所言，乃以二万兵屯之，岁得米数十万斛。（尚书省立，就金江淮行尚书省事。江淮在宋为边隆，故多闲田，公楠请置两淮屯田，劝导有方，田日以垦。）	《元史·昂吉儿传》《元史·燕公楠传》卷132
8	至元二十三年七月	1286年	立淮南洪泽、芍陂两处屯田	《元史·世祖十一》卷14
9	至元二十四年	1287年	刘济领兵"二千人与十将之士屯田芍陂，收谷二十余万"。	《道园学古录》卷13
10	至元三十年三月	1293年	洪泽、芍陂屯田旧委四处万户，诏存其二，立民屯二十。	《元史·世祖十四》卷17
11	大德九年五月	1305年	复立洪泽、芍陂屯田，令河南行省平章阿散领其事。	《元史·成宗四》卷21
12	延祐元年五月	1314年	发军增垦河南芍陂等处屯田。	《元史·仁宗二》卷25
13	至正元年三月	1341年	命屯储御军于河南芍陂、洪泽、德安三处屯种。	《元史·顺帝三》卷40

由上表可知，元朝时期，芍陂多次成为朝廷屯田之地，为元朝农业发展贡献良多。事实上，由于水利灌溉优势和特殊的地理位置，芍陂在汉代以后一直是重要的屯田区。南宋王之道在《成兵营田安丰芍陂札子》中即说："其膏腴可以足食，而无水旱之忧，险阻可以成兵，而无掩袭之计，进不失攻、退不失守，惟寿春之安丰为胜。"十分精准地指出芍陂屯田的战略地位和社会经济价值。

早在中统四年（1263年）十一月，别的因①奉命出任寿、颍二州

———————

① 别的因：人名。

◎　安丰塘灌区农田水稻种植场景（摄影：李松）

屯田府达鲁花赤，负责组织芍陂屯田，屯田军士皆"授之兵牛，敌至则御，敌去则耕"。至元前期，淮西宣慰使昂吉儿奏请屯田，给以军饷，得到元世祖的许可，但是，阿塔海言："屯田所用人牛农具甚众，今方有事日本，若复调发民兵，将不胜动摇矣。"此议遂寝。至元十七年（1280年）以后，阔阔你敦、燕公楠、江淮行省等相继奏请在芍陂立屯生产。由于朝议不一，忽必烈乃令试行，江淮行省乞置三万人，实际"发军士二千人，姑试行之"。通过阔阔你敦的上奏可知，试行当年便收获"粳、糯二万五千石有奇"，芍陂屯田取得良好效果。

在芍陂屯田已见成效的情况下，至元二十三年（1286年）七月，忽必烈下诏："立淮南洪泽、芍陂两处屯田。"而且当年即组建芍陂屯田万户府，正三品，管理该地区屯田事宜，屯田军户数共达14808，土地10000顷以上。成宗时期，继续增加芍陂地区的屯田力量。大德六年（1302年）十二月，"衡州袁舜一等诱集二千余人侵掠郴州，湖南宣慰司发兵讨之，获舜一及其余党，命诛其首谋者三人，余者配洪泽、芍陂屯田，其胁从者招谕复业"。[1] 延祐元年（1314年）五月，

---

① 宋濂等：《元史·成宗三》卷20，北京：中华书局，1976年，第443页。

达鲁花赤

达鲁花赤，职官名，由成吉思汗设立，广泛通用于蒙古帝国和元朝。成吉思汗在各城设置"达鲁花赤"，也就是督官，这后来成为长官或者首长的通称。蒙古族入主中原，单独统治各民族不便，于是委托当地统治阶级人物治理，达鲁花赤监督并掌握最后裁定的权力。达鲁花赤大多由蒙古人担任，缺少蒙古人时，允许门第高贵的色目人担任。达鲁花赤主要的职责是登记户口，收取税赋，签发兵丁，掌握着地方行政和军事实权。

安丰路

安丰路，元至元十四年（1277年）改安丰军置，治所在寿春（今安徽寿县）。辖境相当于今安徽凤阳、怀远、霍邱、蒙城等县。当时隶属于河南行中书省。明初改为寿春府。

仁宗"发军增垦河南芍陂等处屯田"。至正元年（1341年）三月，顺帝"命屯储御军于河南芍陂、洪泽、德安三处屯种"。屯田力量的逐步增强从侧面反映出该地区屯田是成功的，亦暗示出芍陂地区屯田规模在不断扩大。

元代中央还在芍陂地区发展民屯，给予政策优惠。至元二十一年（1284年）十月，"定涟、海等屯田法"，"以江淮间自襄阳至于东海多荒田，命司农司立屯田法，募人开垦，免其六年租税并一切杂役"。① 这一法令的制定标志着元代民屯制度走向成熟。世祖至元二十五年（1288年），尚书省命河南行省从长规划，"务要屯田事早为成就，将已拨军人户计，更为召募江淮等处人户，愿入屯者，常加存恤，仍免一切杂役，务农其间，诸人毋得阻坏"。② 至元三十年（1293年），元中央政府缩小芍陂、洪泽两处军屯力量，合并四万户为二万户，同时"立民屯二十"。总体上，元代芍陂屯田比较成功，乃至

---

① 宋濂等：《元史·世祖十》，北京：中华书局，1976年，第270页。
② 陈高华等点校：《元典章》卷17《户部卷之三·屯田户计》，北京：中华书局，天津：天津古籍出版社，2011年，第594页。

"岁得米数十万斛"。芍陂地区所产粮食远销陕西等地，史载："安丰等郡之粟，溯黄河运至于陕，粂诸汴、汝。"① 还曾经一度参与赈恤受灾地区，天历二年（1329 年）八月，"河南府路旱、疫，又被兵，赈以本府屯田租及安丰务递运粮三月"。

元代芍陂屯田偶有停种，但不久便得以恢复。元贞二年（1296 年）十一月，洪泽、芍陂屯田军万人修大都，停种一年。大德元年（1297 年）十二月复立，屯田军增为二万人。大德五年（1301 年），"诏河南省占役江浙省军一万一千四百七十二名，除洪泽、芍陂屯田外，余令发还原翼"。可能在此之后又停种三年，因为大德九年（1305 年）五月，"复立洪泽、芍陂屯田"，并"令河南行省平章阿散领其事"。总体上，芍陂屯田几乎贯穿元代始终。元初所立的芍陂、洪泽、德安等处的屯田，在顺帝初期还继续屯种。但是，顺帝至正十一年（1351 年）农民起义爆发后，洪泽、德安等地的屯田已不见记载，仅芍陂屯田一直延续到至正十六年（1356 年）。

在赈灾方面，芍陂灌区所在的寿春（安丰路）亦深受朝廷重视。

芍陂灌区处于我国南北气候过渡地带，是淮河流域暴雨密集地区之一，年内、年际降水量分布不均，变化幅度大。特殊的地理和气候环境使这一地区往往大雨易涝，不雨即旱，甚至旱涝相循。因此，政府通过各种方式赈济灾区是尽快恢复生产的必要手段。

元代，芍陂属于安丰路，朝廷对安丰灾年的常规赈恤必然也会惠及芍陂地区（如表 4 所示）。据熊帝兵先生研究，元代安丰路发生的灾害共计 20 次（据笔者统计应为 21 次），其中旱灾 3 次，水灾 4 次，霖雨 2 次，蝗灾 3 次，饥荒 7 次（笔者统计应为 8 次），不明灾害 1 次。在 21 次灾害中，明确提到赈恤的有 11 次，赈恤率占 52％，赈

① 宋濂等：《元史·阿礼海牙传》卷 137，北京：中华书局，1976 年，第 3315 页。

◎ 表4 元代安丰路灾情及赈恤表①

年号纪年	公元纪年	灾害情况	赈灾	备注
至元元年六月	1264年	寿州大雨，水溢		乾隆《寿州志·灾祥》卷11
元贞元年七月	1295年	旱		
元贞元年八月	1295年	大水		
大德五年十二月	1301年	霖		
大德六年七月	1302年	蝗		
大德九年四月	1305年	安丰去岁被灾	赈恤之	
延祐元年八月	1314年	水	发廪减价赈粜	
延祐元年十二月	1314年	饥	发米赈之	含赈沔阳等地
延祐七年四月	1320年	淮水溢，损禾麦一万顷		含庐州
至治元年二月	1321年	饥	以钞二万五千贯、粟五万石赈之	含赈河南
至治二年五月	1322年	属县霖雨伤稼	免其租	
至治三年三月	1323年	安丰芍陂屯田女直户饥	赈粮一月	光绪《寿州志》卷8
泰定元年六月	1324年	旱		寿春
天历二年	1329年	属县蝻		
天历三年正月	1330年	饥		
至顺元年二月	1330年	饥	以两淮盐课钞五万锭、粮五万石赈之	含赈扬州、庐州
至顺元年三月	1330年	饥	以淮西廉访司赃罚钞赈之	含赈安庆、蕲、黄、庐
元统二年二月	1334年	旱饥	敕有司赈粜麦万六千七百石	
至元二年十一月	1336年	饥	赈粜麦四万二千四百石	顺帝至元
至正十九年	1359年	寿阳蝗食禾稼，草木俱尽，所至蔽天		乾隆《寿州志·灾祥》卷11
至正二十七年五月	1367年	旱	给复寿及新附田地	

① 本表在熊帝兵先生《元代芍陂灌区农业发展管窥》一文统计基础上，结合嘉靖、乾隆、道光、光绪《寿州志》进行了修订，熊文参见《芍陂古水利工程研讨会论文集》（内部印刷），2013年。

灾方式有"发廪减价赈粜""发米赈之""免其租"等。明确赈灾粮款的为至治元年（1321年）二月："以钞二万五千贯、粟五万石赈之。"其中包含对河南的赈济；至顺元年（1330年）二月："以两淮盐课钞五万锭、粮五万石赈之。"其中包含对扬州、庐州的赈济；元统二年（1334年）二月："敕有司赈粜麦万六千七百石。"顺帝至元二年（1336年）十一月："赈粜麦四万二千四百石。"此类赈济对安丰路农业生产的恢复产生了积极影响。①

除了对安丰路的常规赈恤之外，元代中央还对芍陂屯田进行特别赈恤。《元史》"本纪"中不乏此类记载（如表5所示）。由表5可见，有记载的元代芍陂地区受灾达11次，其中旱灾6次，水灾2次，

◎　表5　元代芍陂屯区灾情及赈恤表②

年号纪年	公元纪年	灾害情况	赈灾	备注
至元二十七年四月	1290年	芍陂屯田以霖雨河溢，害稼二万二千四百八十亩有奇	免其租	世祖
元贞二年	1296年	芍陂旱	蠲其田租	成宗
大德四年五月	1300年	芍陂旱、蝗		成宗
至治二年四月	1322年	芍陂屯田去年旱、蝗	免其租	英宗
至治二年十二月	1322年	芍陂屯田水		英宗
至治三年三月	1323年	安丰芍陂屯田女直户饥	赈粮一月	英宗
至治三年十一月	1323年	芍陂屯田旱	赈之	英宗
泰定元年五月	1324年	寿春屯田旱		泰定帝
至顺元年正月	1330年	芍陂屯军士饥	赈粮一月	文宗
至顺元年四月	1330年	芍陂屯饥	赈粮三月	文宗
至元元年四月	1335年	河南旱	赈恤芍陂屯军粮两月	顺帝

① 熊帝兵：《元代芍陂灌区农业发展管窥》//《芍陂古水利工程研讨会论文集》（内部印刷），2013年。
② 宋濂等《元史》，中华书局，1976年。

蝗灾 2 次（与旱灾并发），饥荒 3 次。而灾后赈恤有明确记载的共计 8 次，赈恤率达 73％。赈恤的主要方式是免租和赈粮，其中至顺元年（1330 年）四月赈粮三月，顺帝至元元年（1335 年）四月赈粮两月。赈恤率和赈恤力度是相当大的，反映出元中央对芍陂屯区农业生产的高度重视。①

元代，虽然是少数民族入主中原，但其在农业发展方面较好地继承了以往朝代所恪守的重农政策。元代中央还对芍陂灌区颁布特殊政策，以发展农业生产。早在中统元年（1260 年），忽必烈就曾下诏安抚寿春府军民。还曾在安丰路专设"稻田提领所"，负责水稻种植及管理。"安丰、怀远等处稻田提领所，秩从九品，掌稻田布种，岁收子粒，转输醴源仓。定置提领二员。"（《元史·百官三》卷 87）

至元二十四年（1287 年），在芍陂屯田的千户刘济"以二千人与十将之士屯田芍陂，收谷二十余万，筑堤三百二十里，建水门、水闸二十余所，以备蓄泄。凿大渠自南塘抵正阳，凡四十余里，以通转输"②。此次大修，为芍陂屯田规模壮大奠定了基础。而芍陂屯田对于守卫两淮地区具有重要意义。"比年以来，又广屯洪泽、芍陂之田，以佐其兵费。盖洪泽既耕，则淮之东可守；芍陂既种，则淮之西无忧。"③ 显而易见，芍陂屯田为地方社会秩序的稳定和军事的守卫提供了必要的粮食和军需物质，成为地方官员守土一方的急要之务。

元代芍陂灌区除了屯田对国家和地区贡献巨大之外，另一个对中

---

① 熊帝兵：《元代芍陂灌区农业发展管窥》//《芍陂古水利工程研讨会论文集》（内部印刷），2013 年。

② 虞集：《道园学古录》卷 13《福州总管刘侯神道碑》，四部丛刊本。

③ 戴良：《九灵山房集》卷 13《送钱参政诗序》，四部丛刊本。

国农业史的重要贡献便是鲁明善《农桑衣食撮要》的撰成。

鲁明善是维吾尔族人,生卒年不详,生于高昌,久居中原,少时受到良好的汉文化教育,敦慕儒家之学。延祐元年(1314 年)出监寿郡,任中顺大夫、安丰路达鲁花赤,兼劝农事。来到安丰以后,鲁明善"职思其忧",一心为安丰人民谋福利。他在安丰兴修学校,亲自带领老师和学生,为他们传道授业。同时"修农书,亲劝耕稼",主动参加劳役,为政勤勉。"凡郡之当为者,如桥、如驿、如官舍、如蒙古阴阳医学,修之以序,民不告劳。"[①] 他的一系列施政措施,为安丰百姓所推崇,深得民心。虽然鲁明善在安丰任职时间不长,但他在此地的治理比较成功。特别是他在此期间,总结以往农业生产经验,并结合对芍陂灌区农业生产的实际观察,撰成《农桑衣食撮要》一书。在该书撰写过程中,鲁明善力争做到"谋诸同列,访诸耆艾",在文字陈述方面也达到"黄童白叟,日用不知,一览了然"的

鲁明善

元代杰出的农学家,名铁柱,高昌人。生卒年不详,生活于元代后期。曾任靖州路(治今湖南靖县)、安丰路(治今安徽寿县)达鲁花赤。延祐元年(1314 年),出任安丰肃政廉访使,兼劝农事。他在任内视察江淮地区农情,结合以往农书记载,编纂刊印了《农桑衣食撮要》(又名《农桑撮要》《养民月宜》)二卷。约15000 字,按"月令"体裁撰写,列有农事 208 条。按月列举应做之农事,包括农作物栽培,家畜、家禽饲养,农产品加工、贮藏等。全书文字通俗,简明扼要。至顺元年(1330 年),调任大都(今北京)后,此书再次刊印。此书对元代农业生产的恢复和发展曾起积极作用。

---

① 虞集:《道园类稿》卷 42《靖州路达鲁花赤鲁公神道碑》,元人文集珍本丛刊 6,台北:新文丰出版公司,1985 年,第 309—310 页。

◎　鲁明善撰《农桑衣食撮要》书影

效果。王毓瑚称："本书既不引经据典，也不雕饰词句，记述各种作业，虽然文字比较简短，可是非常精当，称得上是要言不繁。"①

　　在国家以农为本的大背景之下，鲁明善在《农桑衣食撮要》自序中亦充满了"亲劝耕稼"的意味，他指出："凡我臣子，孰敢不虔？""乃者叨蒙宪纪之任，因思衣食之本，取所藏'农桑撮要'，刊之学宫。"明确指出其作农书是为了"钦承上意而教民务本"。《农桑衣食撮要》的内容十分广博。"凡天时地利之宜，种植敛藏之法，纤悉无遗，具在是书。"全书约 15000 字，除了记述有关农作物栽培和蚕桑等技术以外，对农产品加工和贮藏技术总结尤详，涵盖农、林、牧、副、渔各个方面，堪称一部农业百科全书。翻阅该书，不难发现书中记述的农作物或农事活动大多与江淮地区有关。这是鲁明善在寿县一带为官，对当地农业进行长期观察总结的结果。随着《农桑衣食撮要》

① 鲁明善著，王毓瑚校注：《农桑衣食撮要》，北京：农业出版社，1962 年，第 10 页。

在寿州的刊行，书中许多农业、手工业生产技术也得以保存流传于世。这本农书讲解明晰、生动，文字简洁易懂，成为中国农学史上的一本经典之作，流传至今。

元代芍陂屯田的大力发展，加上朝廷在灾害之年的及时赈济，使得芍陂地区农业能够持续稳定发展。但随着元末农民起义的爆发，寿州、安丰一带也饱受战祸，百姓涂炭，民众逃亡。芍陂水利也跟着遭殃，其规模缩小在元末已现端倪。入明以后，芍陂地区屯田渐衰。管理的无序，使得豪强占垦成风。他们甚至决水为田，导致水道淤塞，水利规模迅速缩小。芍陂再次处在湮废或复兴的十字路口。

四、官民互动与水利社会：明清时期

明清时期，芍陂作为重要的水利工程和农业生产重镇，其环境不断发生变化，占垦日益成为该地区突出的社会问题。政府、地方豪强、民间力量纷纷介入，在占垦问题上展开了一系列的较量，成为当时江淮地区由人类行为导致环境变动而引发社会冲突的一个突出典型。

"芍陂茫茫古边城，伏犬相闻今乐土。"元代除了政府官员高度重视芍陂农田水利外，当时的文人对芍陂也多有歌咏和记录。这其中比较有代表性的是陆文圭《送杨起之安丰录判》、沈梦麟《寄江浙左司员外郎张光弼》、戴良《偶书》等。而戴良在其《九灵山房集》中多次论及芍陂，他认为"洪泽既耕，则淮之东可守，芍陂既种，则淮之西无忧"，并屯田兴农作为守淮急务向上级建言献策。

邝埜

字孟质，宜章人。永乐九年（1411 年）进士，授监察御史。永乐年间，寿州民毕兴祖，上书请求修理芍陂，邝埜详察后发动蒙城、霍邱两县约二万人疏通芍陂河道，整治水利。为百姓所称颂。

　　明清两代，朝廷重视农业生产，垦殖之风盛行。随着江淮地区人口与日俱增，芍陂面临被占垦的威胁。明代中叶以后，地方豪恶势力不断侵垦芍陂塘面，以致出现"种而田者十之七，塘而水者十之三"的情形。官方、豪恶与民间在占垦问题上进行了反复的博弈，正是这种博弈，使得芍陂的治理修缮频率越来越高，并逐渐衍生出了一系列较为常态化的修缮体制，甚至出现了以《新议条约》为代表的治理章程。当然，这一切要从朱元璋重视发展农业生产开始说起。

　　朱元璋建立明朝后，对两淮地区这一龙兴之地，实行了一系列倾斜政策和优惠措施，促进淮河流域农副业经济的开发。很快两淮地区的社会经济恢复了活力。但是，在农业经济不断发展的同时，人口也与日俱增。明代中后期以后，大土地所有制开始恶性膨胀，乡村地区的人地矛盾日益激化。这在芍陂地区具体表现为占垦局面的不断恶化。一些豪绅地主趁机大肆兼并土地，侵塘垦田之风愈演愈烈。正统年间，六安的豪绅在安丰塘上游的朱灰革、李子湾筑坝截源，建房围垦，"截上流利己，陂流遂淤"。据夏尚忠《芍陂纪事》载，"迄至前明，安丰县废，官无专责，民逞豪强。成化间，奸民董元等始行窃据贤姑墩以北至双门铺，塘之上界变为田矣……隆庆间，彭邦等又据退沟以北至沙涧铺，塘之中界变为田矣……万历中叶，顽民四十余家又据新沟以北为田庐矣。""开垦一起，人思兼并，大肆分裂，塘脉振动。"也就是说，随着安丰县的废弃，芍陂失去了明确的责任人，地方豪强势力开始膨胀。他们不断占据上游，阻截水源，使得芍陂水源日蹙，越来越多的上游和中游水区被开垦为田。这种占垦，看似增加了耕地面积，实则导致芍陂蓄泄失宜，遗患无穷。至隆庆年间（1567—1570 年），安丰塘内"种而田者十之七，塘而水者十之三"。"豪强盘踞，冒占蚕食，终明之世，不能剪除。"

至清代，芍陂的占垦问题较明代有所收敛，但没有从根本上得到解决。故芍陂在侵垦的蚕食下，日渐萎缩。顺治十年（1653年），安丰塘上游新仓决口，洪水过后，河道淤塞，塘水失源，致成旱灾，造成万民失业。清代段文元在《改修芍陂滚水坝记事》一诗中云："问道环塘三百里，于今多半是桑田。"便是芍陂大面积被侵垦的生动写照。康熙时期，颜伯珣历时六载，系统整治修缮芍陂，然没过多久"其余塘埂，竟多开占。初犹使土，继即播种，或使土过多，即挑平作田"。"更有塘内埂衣高阜，摊发成田，无知贪利，环塘颇多。"①嘉庆年间，豪绅晁在典等人，在安丰塘上游高家堰等处筑坝8处，阻断了望城岗以东高家堰的来水进塘，使陂水日竭。到了道光年间，"诓皂口闸东及徐家大沟一带淤地，又有江善长、许廷华等未究开田"。至清朝末年，人稠地满，塘内淤积之地，皆垦为田，塘内洼地变成畜牧之所。可见，在清代，芍陂虽屡经修缮，但占垦之事仍难禁绝。

那么，是什么原因导致芍陂一再受到侵垦呢？

细究起来，主要有三点原因：

其一，明清时期统治阶级对农业垦荒的重视和扶持是引发占垦问题的政策因素。

为了巩固统治，明太祖立国之初就制定了一系列的政策，鼓励农民归耕，奖励垦荒，发展生产。洪武二十一年（1388年），明太祖从江南移民到淮南种田，发钱给他们置办农具，并免除三年租税。这一

---

① 夏尚忠：《芍陂纪事·容川赘言》卷下，清光绪三年版，上海图书馆藏。

魏璋

明朝官员，鄢陵（今河南鄢陵县西北）人。成化十一年（1475年）登进士，授监察御史。成化十九年（1483年），以监察御史巡按江北，驻节寿春。时安丰县久已撤销，安丰塘无人管理。六安豪民在塘之上游朱灰革、李子湾筑坝截源。安丰塘南部豪强董元等，侵占塘滩，建房垦田，使安丰塘遭到严重破坏。魏璋以复兴安丰塘为己任，他逮捕占垦者判其罪，拆除已在塘滩建起的房屋，恢复安丰塘的旧观。他还拨官银1000多两，派州牧陈镒与指挥使戈都、邓永监督工程，组织环塘人民修堤堰，疏浚上流引水渠道，整修水门石闸，并且修缮孙公祠，可惜工程尚未结束，魏璋与陈镒均奉调而去。成化二十年（1484年）张霭（山东历城人）以监察御史继任魏璋至寿春，复命戈都等继续修治安丰塘，以竟全功。

政策刺激了有明一代两淮地区垦荒行为的持续盛行。清廷入关后，同样鼓励垦荒兴屯，以发展农业生产。例如，顺治六年（1649年）清政府颁布了详细的垦荒法令，规定："察本地方无主荒田，州县官给以印信执照，开垦耕种，永准为业。……各州县以招民劝耕之多寡为优劣，……载入考成。"[1] 政府的政策进一步提高了江淮地区民众垦荒的积极性。到顺治十四年（1657年）"庐、凤等府开垦荒田三千余顷"。由此可推知，整个淮河流域都处于一个被开垦的历史场景下。这种到处垦殖的局面使芍陂难以幸免。

其二，江淮地区人口的日益膨胀是芍陂占垦问题的直接动因。

明朝开国之初，朱元璋就开始不断地向淮河流域的凤阳府一带进行大规模的移民屯田，其中有明确移民人数记载的共有5次，而规模最大、人数最多的一次移民活动是"复徙江南民十四万于凤阳"，这使得该地区的人口不断增长。正如嘉靖《宿州志》所云："民数之登，咸倍于往

---

① 世续等纂：《清实录·世祖章皇帝实录》，北京：中华书局，1985年，第348页。

昔，是故修养生息之所致也。"到清道光八年（1828年）时，寿州本地人口加上屯户人口达到76万余，比嘉靖辛丑时多出近七倍。人口的日益繁殖，使越来越多的人加入垦荒的队伍当中。自清顺治十一年至雍正十一年（1654—1733年）间，寿州地区"陆续开垦并清出田地"6363余顷，甚至形成了"人稠地满"的格局，而这其中有相当部分是以占垦芍陂为代价的。

其三，芍陂地区优越的地理土壤条件，是诱使豪强不断占垦的自然因素。

芍陂本身是一个低洼的水域。当年楚相孙叔敖利用这一地区西南高东北低的地势，因势利导，上引淠水和大别山涧水，自六安经贤姑墩入塘，开拓了"周一百二十许里"的芍陂。早期芍陂有5个陂门，能下泄余水入淮，使陂塘遇旱能灌，遇水能排能蓄，成为一个布局合理、功能齐备的水利工程。由于芍陂地属亚热带温暖半湿润气候区，区域季风显著，四季分明，光照充足，无霜期长，年平均气温14.9℃，冬无严寒，夏无酷暑，气候宜人，生态环境甚佳。清代谢开宠在其所作的《芍陂诗》中写道："吾乡僻处多瘠土，高者易旱低斥卤；沃壤独数

李昂

字文举，浙江仁和人。弘治二年（1489年）巡抚江南，听闻安丰塘被豪强私自筑坝占种，令寿州指挥胡瑞会同六安指挥陈钊会勘查办。胡、陈二人查出以往安丰塘的管理规定，指明安丰塘工程的管理范围，使占垦者认错服输。遂将朱灰革的5道堵坝拆除3道，李子湾的4道堵坝拆除2道。这解除了芍陂水源威胁，但由于订立的法规不完善，再加上管理人员疏忽，时过不久，豪强又占垦如故。芍陂占垦问题没有得到有效遏制。

刘概

字大节，济宁人，成化年间进士，成化二十二年（1486年）任寿州知州。那时张翩正被解除职务，芍陂被刁民再次占垦为田。刘概与戈都合作两年多，共同兴复芍陂，为民众所爱戴。

栗永禄

字健斋，长治（今山西省）人。嘉靖二十六年（1547年）为寿州知州，主持整治安丰塘口门36座，修建泄水闸4座，建官宇和溢水桥各1座。工程竣工后，在安丰塘建环漪亭，立"江北水利第一坊"。栗永禄到任时，豪强董元等人，已将安丰塘上游贤姑墩以北、双门铺以南的塘面侵占成田。栗永禄想制止豪强对安丰塘的蚕食，但又不忍拆除占垦者在塘内已建起的房舍坟墓，于是采取挖沟为界的办法来限制对安丰塘的蚕食。20年以后，双门铺以北至沙涧铺（塘的中界）又被豪强们占垦成田。继任知州甘来学仿前任栗永禄之法，又以退建新沟为界，并规定塘内垦田每年每亩交租一分。豪强们见有利可图，继续越沟侵占。没过多久，新沟以北又被围垦成田。从此，一百余里之全塘失去了初创时的旧观。《芍陂纪事》评论说，栗永禄出此下策，"非公之才力不及也，亦世运之变迁应尔"。

安丰邑，芍陂之侧田最腴。"[1] 从一个侧面反映了芍陂土地膏腴，易于耕种的事实。加之芍陂在历史上多次缺乏治理，堤埂崩塌，陂内逐渐淤积，出现了大面积的肥沃良田，使部分豪强顽民"睹塘腴而念炽，妄生膏壤之思"。可见，这种优越的自然地理条件是引发地主豪强垂涎，导致占垦事件不断发生的重要因素。

对芍陂的侵垦，使上游来水日益萎缩，大片原本蓄水之地成为田地，带来了一系列严重后果。主要表现在三个方面：

首先，破坏了当地生态环境。

从表面上看，豪强顽民对芍陂的占垦拓展了耕地面积，增加了粮食产量，实际上却破坏了芍陂的生态环境，得不偿失。"乡民之耕作者，编芦苇实土为蓄水计，水暴涨，复冲毁附坝高下之田，无岁不有旱涝患。"[2] 明万历中期，芍陂"门闸芜秽，埤堤崩塌，滴水不蓄者十余年"。豪强刁民的巧取豪夺，使得芍陂仅存半壁，塘周生态的变迁导致"塘身渐狭，水大难容，势必内淹围田，外决塘埂"，"冲没

---

①　席芑：乾隆《寿州志》卷二，乾隆三十二年刻本。

②　安徽省水利志编纂委员会编：《安丰塘志》，合肥：黄山书社，1995年，第94页。

之害，自此起矣"。更为严重的是，对芍陂的占垦一开，"鸡犬桑麻之介其中，樵牧弋鱼之无其地，而民失所资"。豪民的这种侵垦活动，使芍陂的生态环境发生了巨大变化，环塘民众赖以生存的"水利"变成了"水害"。

其次，不断引发水事纠纷。

明正统年间（1436－1449年），六安县地主豪绅在朱灰革、李子湾两地引水河道上筑坝，断塘水源，占垦建房，使陂水水源大减，引发下游百姓上告。清乾隆四十三年（1778年）六安州豪绅晁在典等3人，在塘上游再次拦河筑坝，拦截入陂水源，致使下游陂水大减，引发纠纷。六安州主奉命查办，晁等抗命不理，此后不了了之。我们知道，灌溉设施客观上要求水源的稳定性与充足性，而对芍陂的占垦破坏了这种稳定性与充足性，成为引发水利冲突的诱因。所以，每逢夏季大水时，占垦民户常盗决塘堤以保垦田。这必然会危及他人田地利益，引发纠纷。占田的豪绅"一值水溢，则恶其侵厉，盗决而阴溃之。

甘来学

四川人，进士。隆庆初任寿州知州，怜悯百姓因水灾而致贫，遂减少里甲、均徭、工食、军饷等银钱。寿州百姓非常感念他。当时芍陂水利被奸民彭邦等私自占有。原来界限划定为退沟北面到沙涧铺，不久这条界线附近又变成粮田。甘来学于是引用栗永禄的做法，又以新沟为界线，凡是有田地在塘内，每亩每年缴纳一分税收，此种做法更加引来人们的占种。甘来学的心思并不是不想芍陂百姓安居乐业，但碍于地方势力，只能划新沟为界。然而没过几年新沟以北又被常、赵等奸民占种。

颓流滔陆，居其下者苦之"。① 嘉庆初年，环塘占垦者"拦渠筑坝，私开沟口，因争水械斗致伤致命时有发生"。"陂水畅旺不知惜，陂水减少辄相争。"凡此种种，皆是占垦引发的水事纷争。

再次，使芍陂作为水利工程的调节作用丧失。

占垦的日益严重，不仅引发水事纠纷，也使芍陂作为水利工程的调节作用大大降低。明代就曾出现"不记何年旱甚，朱灰革为上流自私者阻，大香门为塘下豪强者塞，渠日就湮。不可以灌、漕，民皆失两利"的局面。黄克缵曾痛心地指出占垦对芍陂水利工程的危害："据积水之区，使水无所纳，害一也；水多则内田没，势必盗决其埂，冲没外田，害二也；水一泄不可复收，而内外之禾俱无所溉，害三也。"② 再加上朝代的更替，管理的不到位，使芍陂处于"世更物换，人无专司，水失故道，陂日就毁"的境地，其水利蓄泄功能已明显失宜。至清道光年间，芍陂已是"底平而浅，水难多蓄，门闸齐启，

郑琯

湖北石首人，万历三年（1575年）任寿州知州。时按院舒公巡按江南，访知安丰塘日渐衰败，民失其业，命郑琯组织修治。受命之后，郑琯根据工程量估算所需经费，清理州库，筹措资金，采取以工代赈办法，组织饥民挑浚河道，修筑堤防，百日工竣，饥民得济，又享灌溉之利。环塘人民感其恩惠，曾立生祠祭祀。

---

① 席芑：乾隆《寿州志》卷四，乾隆三十二年刻本。
② （明）黄克缵：《安丰塘积水界石记》碑，此碑现存孙公祠内。

兼旬即涸，距塘稍远，已有不沾泽者"。芍陂昔日溉田万顷的局面已很难再现，可见占垦对芍陂的危害之甚。

"水利的兴废，通常都发生于乡村地区，其间产生的利弊又勾连整个地域社会各方面的利害关系。"[①] 对于芍陂来说，这一水利工程关系到淮南地区的农业生产以及当地的社会稳定。因此，官方、豪强和民间在占垦问题上进行了反复的博弈。

作为"千万户口俱仰给于芍水"的大型水利工程，"陂之兴废，固由官长主之"。明清两代，地方官府在芍陂的管理上有趋于严格化的发展态势。不少地方官员从维护环塘民众利益的角度，直接介入对芍陂占垦问题的处理，以化解日益严重的侵垦，缓解社会矛盾。成化十九年（1483年），监察御史魏璋出巡至寿州，逮捕了侵塘占垦首犯，拆除了占垦者建造的房屋，收回被占垦的土地，并对安丰塘工程进行了整修。时过五年，豪绅地主又复占垦。弘治二年（1489年），巡抚李昂又拆除了朱灰革和李子湾的部分堵坝，后因

阎同宾

河南郑州人，万历中（1593—1598年）任寿州知州。当时安丰塘的门闸已经荒芜，埂堤崩塌，有十余年不能蓄水。阎同宾决心修治，但工程量大，难以独任。他向驻在寿州的兵备副使贾之凤汇报了自己的意见，得到贾的支持。贾之凤委派寿州州佐朱东彦、滁州守孙文林主持督役修治。朱、孙二人协助阎同宾，组织环塘民众，疏浚河道，培修堤防，更新闸门，恢复了安丰塘的水利。万历四十六年（1618年），孙文林捐俸置田14亩存祠备祭孙叔敖。孙公祠自此始有祭田。

① 冯贤亮：《清代江南乡村的水利兴替与环境变化——以平湖横桥堰为中心》，《中国历史地理论丛》，2007年第3期。

黄克缵

字钟梅，福建晋江人，万历八年（1580年）进士，后官至尚书而终。黄克缵知寿州时，安丰塘已经衰败，而豪强侵占仍在蔓延。100余里全塘仅存二三十里。为了恢复安丰塘水利，黄克缵与其僚友计议拯救之策。他的同僚认为，栗永禄、甘来学非庸碌之辈，也只能限以退沟、界以新沟以禁占垦，未采取"缚而罪之，驱而远之"的办法予以打击，劝告黄克缵仿照前任而行。黄克缵说，不能仅图目前之安，而不顾异日之害，如再对占垦者姑息迁就，2000余年的古塘之利，不久将会部荒废。他以兴利除害为己任，一举驱逐了新沟以北占垦者40余户，收回近百顷围田复为蓄水区；立积水界石碑，明确划定安丰塘的蓄水范围。在关系到安丰塘存亡的关键时刻，他挺身而出，有力地打击了豪强势力对安丰塘的蚕食围垦，立下了举坠兴利之功。

"立法未善，典守稍疏"，豪绅占垦如故。至嘉靖二十六年（1547年），安丰塘上游自贤姑墩以北至双门铺，"坟墓庐舍星罗其中"，近十五公里塘身被豪绅们围垦成田。时任寿州知府的栗永禄采用挖沟为界的办法以示限制，但界沟遏制不住豪绅地主的贪婪，他们肆无忌惮地越界占垦，逐步向塘内蚕食。隆庆二年（1568年），知州甘来学仿效前任办法，又挖新沟为限垦之界，并规定占垦者每年每亩交租一分，使占垦合法化。前者不惩，后者效尤。十余年后，新沟以北又被30余户豪绅侵占围垦。万历十年（1582年），黄克缵任寿州知州，他"发愤于越界之人，欲尽得而甘心"，驱逐了新沟以北的占田豪强三十余家，收回了近百顷的田地，"复为水区"。此后"二百余年奸豪不得逞，农民享其利"。[①]

---

① 夏尚忠：《芍陂纪事·名宦》卷上，清光绪三年版，上海图书馆藏。

◎　表6　明清时期官民阻止安丰塘占垦行为情况表

朝代	时间	人物	阻占经过	博弈效果
明代	正统年间（1436—1449年）		六安地主豪绅在朱灰革、李子湾两地引水河道筑坝，拦截水源，占垦建房。	
	成化十九年（1483年）	监察御史魏璋	逮捕侵占塘地者，拆其所建房屋，收回占垦土地，恢复塘制。	三年后，地主豪绅占垦如故。
	弘治二年（1489年）	江南巡抚李昂	巡查了解安丰塘上游被占垦，命将朱灰革5座堵坝拆除3座，李子湾4座堵坝拆除2座。	因立法未善，管理不严，仍占垦如故。
	嘉靖二十六年（1547年）	知州栗永禄	安丰塘南自贤姑墩，北至双门铺被占垦为田。栗永禄不忍拆除其间房屋坟墓，挖沟为界，以限侵垦。	后来，界沟以北至沙涧铺又被侵占为田。
	隆庆二年（1568年）	知州甘来学	挖新沟为界限，规定占垦者每年交租。	不久，新沟以北又被占垦。
	万历十年（1582年）	知州黄克缵	一改前任退沟之法，怒逐新沟以北40余家垦田，复为水区，加高新沟以南旧有埂堤为塘上界，并立积水界石碑。	此后200余年，未再发生越界占垦。
清代	康熙年间（1685—1695年）	环塘民众	安丰塘门闸堤防损毁严重，有豪绅8人密呈开垦，抚台已准，环塘民众闻讯反对，并呈送《请止开垦公呈》，详陈废塘开垦之害。	开垦遂止。
	乾隆八年（1743年）	知州金宏勋	文运闸已废，闸下文运河淤被零星开垦，金宏勋变卖这些零散淤田，在许黄寺和废安丰县址处购田76亩为孙公祠祭田。	
	乾隆四十三年（1778年）	六安州主郑交泰	六安豪绅晁在典等3人，在上游拦河筑坝，断塘水源，郑奉命查办。	晁等抗命不理。
	嘉庆十年（1805年）	巡抚胡克家	令拆毁豪绅晁在典等在塘上游高家堰等处筑坝8道。	勒石示禁。
	道光十八年（1838年）	凤阳知府舒梦龄	江善长、许廷华等人在皂口闸东垦田，凤阳知府实地查勘后，责成寿州知州提占垦者到案讯详。	勒石永禁。

李大升

字木生，山西猗氏（今山西省永济市）人，顺治十年（1653年）任寿州知州。在此以前，因安丰塘上游新仓堤段决口，堤岸崩塌，引水河道淤塞，塘不注水，农田失去灌溉，造成农业歉收，万民失业。李大升莅任后，广泛听取乡绅和环塘民众意见，实地查勘工程量。顺治十二年（1655年），他选调千余民工，委派州捕厅郑三捷监督实施，疏浚引水河道140余丈，修筑新仓和枣子口门，培修堤岸，修理闸门，月余工竣。是年夏，别地皆大旱，唯安丰塘灌溉区内丰收。是年十月中旬，他又组织环塘人民整修减水闸，疏浚中心沟。在经费短缺时，他不惜捐出俸薪，务求修治完竣。这为清代安丰塘兴复奠定了基础。

至清代，李大升、颜伯珣、陈韶、胡克家、朱士达、施照、任兰生、宗能徵等人或修缮堤防、清除余障，或兴建闸坝、疏通淤滞，皆留心于芍陂的治理。但同豪强地主的占垦斗争并没有松懈下来。例如，道光年间，又有江善长、许廷华等在陂内占垦。寿州知州许道筠等除集提江善长、许华廷等到案讯详外，还勒石永禁，对"已开种及未经开种荒地，一概不许栽插，如敢故违，不拘何项人等，许赴州禀究，保地徇隐，一并治罪，决不姑贷"。①明清两代，官府对豪强的占垦行为经历了一个由最初的隐忍退缩演变为坚决打击和遏制的过程。正是得益于官方的保护行动，这一千年古塘得以继续发挥它的效益。

---

① 《示禁开垦芍陂碑记》，道光十八年，此碑现存孙公祠内。

颜伯珣

字相叔，山东曲阜人，复圣颜回六十四世孙，康熙三十年（1691年）间，任寿州州佐，专司盐务及水利。

安丰塘经顺治十二年（1655年）李大升修后40余年，埂堤门闸复又严重损坏，塘不蓄水，长满了杂草，致有豪强8人呈请开垦，幸环塘民众坚决反对而止。康熙三十六年（1697年），地方生员沈捷等上书州主，请求修复安丰塘。知州傅君锡委任颜伯珣主持修治。

颜伯珣受命后，亲自到安丰塘查勘工程损坏情况，昼夜筹划施工步骤与方法。康熙三十七年（1698年）春，他征调千名民工在孙公祠前誓师开工，培修旧堤，新筑南、北塘堤共30里，整修口门36座。夏季，塘复蓄水。康熙三十八年春，修筑新移门，筑梁家洼。三十九年夏，疏浚各条沟渠。四十年春，筑江家潭，种柳700株，增补庙东塘堤，上宽5尺，长10里；夏，整修皂口闸、文运闸、凤凰闸、龙王庙闸；十月，复筑瓦庙、沙涧堤防，各上宽5尺，长六七里；十一月，修筑枣子门。四十一年秋，补筑老庙口。四十二年春，大凿皂口，复水故道。历时六载，工程完竣。开工以前，颜伯珣制定了严格的施工管理制度，明确了施工管理人员的职责。施工过程中，指挥井然有序，令行禁止、进取有法。工程竣工后，又制定了工程和灌溉管理制度。他一年四季很少回州署，经常在安丰塘查巡，发现工程损坏及时组织修补。视农作物需水情况，令人发钥开闸，放水灌田，环塘百姓无不"乐其乐而利其利"。这次治理成为有清一代芍陂治理最成功的一次。颜伯珣离任之日，"绅士吞声，田夫号痛，祖道徘徊，如失怙恃，攀辕无计，立生祠而尸祝焉"。

颜伯珣著有《安丰塘志》，记载了他六七年时间，全面治理安丰塘的情况，惜已失传。

饶荷禧

福建武平人。雍正八年（1730年）任寿州知州。历年以来，安丰塘洪水经常冲决堤防。环塘士民公议于众兴集建滚水坝，以泄上游骤来洪水，再修凤凰、皂口两闸，以减本地久雨之水，使塘下田得到灌溉，塘内围田不致淹没，亦可减少冲决，避免盗决之弊发生。饶荷禧发动环塘士民，按亩捐银1000余两组织兴工。工程未竣，又遭洪水冲坏。不久，饶荷禧离任。乾隆二年（1737年），寿州知州段文元主持重建完工，滚水坝至此成为安丰塘调节水量大小的一个重要组成部分。

段文元

字在忠，河南济源人，附贡生。乾隆二年（1737年）任寿州知州，当时芍陂发大水多次决口，修建的滚水坝和水闸也没完工。段公因此详细地向上级汇报情况，又申请国库三千多两银子，续修滚水石坝，并且加固修建凤凰闸和皂口闸。工程完成之时，段公作诗以记之。

对环塘民众而言，芍陂的兴废直接关系到他们的生产生活。因此在民间，广大群众对豪强的占垦行为深恶痛绝，并进行了一系列的反抗和斗争，其中最著名的是康熙年间，沿塘豪绅8人垂涎塘内沃土，向官府密呈开垦。抚台已准，并将派员勘垦，环塘民众闻讯反对，呈送《请止开垦公呈》，明确指出：豪恶占垦，遇涝则"势必盗挖以泄之"，侵害塘下之田，遇旱则"必断流引绪以灌彼田，……而万民束手以待毙矣"，并详陈占垦与灌溉的利弊，"八百顷之赋利于国者锱铢，四万顷之溉利于民者亿万"，要求官府"权其轻重，量其大小""再行申止"。经过民众的强烈呼吁和斗争，芍陂没有被废为田，塘得幸存。嘉庆年间，寿州人夏尚忠有感于芍陂千年兴衰，编撰了《芍陂纪事》一书。在书中，夏尚忠对明清以来致力于清理占垦的官员如黄克缵、颜伯珣等给予了充分肯定和赞扬，对顽民豪绅的占垦行为给予了斥责批评，详述了芍陂占垦的危害，指出芍陂有"五要""六害""四便""三难""二弊"，系统梳理了芍陂工程的历来占垦情况，有针对性

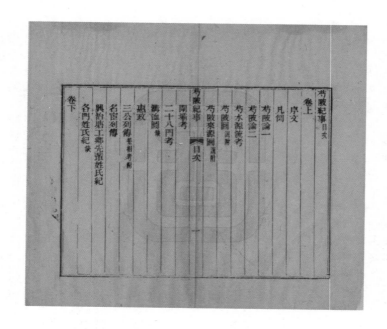

◎　光绪版《芍陂纪事》书影，国家图书馆馆藏

地提出了维护、修缮和治理之策，是当时民间对芍陂占垦问题认识
最深刻的著作。

随着明清时期占垦现象的不断发展，官方、豪强、环塘民众之
间展开了一系列的博弈，而博弈又反过来促进了芍陂水利社会的形
成与发展。主要表现在：

第一，建立民间管理机构，逐步完善对芍陂的日常管理。

明清两代，芍陂一直作为官方水利工程由官府进行管理，寿州
地方长官"兼司水利，上劳官府""在官差使，兼劳胥吏""该管塘
堤，下劳塘长，谨守门闸，分劳门头"。在官府扶持下，由董事义
民、塘长及门头组成了陂塘民间管理体系。塘长专责塘事，分段具
体执行塘之各项规章制度。塘长遇事须就商董事。清嘉庆以前芍陂
"董事之名由来已久，向无定制，亦无专责"。光绪年间的《新议条

金宏勋

字元功，浙江桐乡人，贡士。乾隆八年（1743年）任寿州知州。在任时看到芍陂堤岸多有崩塌之处，就和当地士绅商议，聚集劳力重新修缮加固。又看到文运闸被废弃，河道被开垦成农田，四处散落，分收不便，就与当地士民商议，变价置换。现在许黄寺旧县两个地方的祭田，便是以前的遗迹。环塘士民感激金公，在祠内设牌位祭祀之。

陈韶与卢士琛

陈韶是浙江的举人。乾隆年间管理寿州，乾隆十四年（1749年）主持检查修缮芍陂工程。陈公实地勘测评估后，上报请求拨银3000多两，用以修理芍陂。筹款完毕后，他让寿州捕厅卢士琛组织环塘民众，征调河南民工，疏浚河道，修筑堤防，培修埂堤。筑堤时，卢士琛要求加打石硪，并采取挖坑冲水的方法验土虚实。"晚注早视，水满则已，水消仍筑。"他注重工程质量，昼夜巡查，从不懈息。历时4个月，工程完竣。

约》则明定全塘堤坝分作六个片段，每段"责成"两名以上董事"经管"。这些董事多由塘下绅士充任，其职责是监督执行各项塘规。如遇不遵规章者，该管董事可约同各董共同"议罚"，必要时"禀官差提究治"。有关塘务例会一年两次，春秋二季在孙公祠举行。门头是根据芍陂所设闸门，各门按亩派夫，十夫之中轮拨一名，谓之"门头"，注册送官府备案，并"轮流滚作"。门头直接受塘长辖制，负担较为繁重的任务。凡遇工程，门头须协同塘长催夫上工，施工时，门头"执杵紧筑"，随时检验工程质量。没有工程的时候，"环塘安堵"，门头之职，则为"司启闭"及更换朽坏闸板、修培塌损堤坝等养护工作。倘玩忽职守造成损失，则须"赔办"。这些岗位职责的明确是芍陂民间管理体系走向成熟的标志。

第二，修缮维护的常态化。

明清时期，由于环境的变动和占垦的频繁发生，芍陂的修缮频率越来越高，并在此基础上衍生出了一系列常态化的修缮体制。在明代，芍陂的修缮维护往往发生在塘身大坏之时。凡遇工程值年，则由塘长"催人夫齐至工所,众夫力作,塘长执旗催督"。到了清代,官方和民间在与豪强占垦做斗争的过程中逐渐意识到"欲得塘之利,必先去塘之害"。也就是说要想发挥芍陂工程的水利功能,必须建立常态化的修缮维护制度。光绪年间任兰生主持制定的《新议条约》在总结前人的基础上,明确规定在安丰塘"禁牧放""禁取鱼""勤岁修""护塘堤""专责成"等内容以为惯制。其后,寿州州同宗能徽把"一禁侵垦官地、一禁私启斗门、一禁窃伐芦柳、一禁私宰耕牛、一禁纵放猪羊、一禁罾捕鱼"镌刻于碑(此碑现存孙公祠内),立在塘侧,以为常制,从而使芍陂的维护治理进一步规范化、常态化。

第三,灌溉用水制度化。

作为一方水利命脉,其用水秩序往往决定了灌溉效益的大小。在芍陂灌溉用水问题上,清代较明代做得更为规范。清康熙三十七年(1698年),寿州州佐颜伯珣修治安丰塘后,订立了"先远后近,日车夜放"的灌溉用水制度。嘉庆初年,这一制度遭到破坏。光绪五年(1879年),在时任兵备道布政使任兰生的主持下,环塘

万化成

一作葛化成,江西人。乾隆二十四年(1759年)代任寿州同知。到任后立刻视察芍陂,看到土堤崩塌,和当地士绅商议,集结劳力修补建造堤坝。当时正好是初春农闲之时,只用40天就完工了。万公只是在正印官杨徽典运送银粮赴京时,暂代寿州州同,就对芍陂事务如此用心,如果能长久留任,他的建树应该远不止此,所以当万公被解职时,当地人都感到可惜。

徐廷琳

保定人,监生。乾隆二十六年(1761年)知寿州,在任时尤其致力于水利兴复。与州佐王天倪协力整治芍陂。重新维修孙公祠,更换大殿的木料,增添更换崇报门的楼板,其他房间和走廊都按照以前的标准进行修补。陂民感念他的恩惠,赋联以记之:"治芍水以继孙公,利泽期沾百世;修祠堂而绍颜牧,生民共祝千秋。"

郑基

广东香山人，乾隆年间任寿州知府。乾隆三十五年（1770年），士民李绍伫等请求按亩捐银，修治皂口闸、凤凰闸和众兴滚水坝。郑基准其请求，筹银2400余两，委派州佐赵隆宗等监督实施。赵公重视水利工程，勤于芍陂事务，严格管理门闸，保证了工程的进展和质量。工程于乾隆三十七年（1772年）五月开工，历时4个多月竣工。

周成章

湖南岳州（今湖南岳阳）人。乾隆四十五年（1780年）佐寿州时，安丰塘堤常被洪水冲决。周成章莅任后，积极组织人员补筑缺口，并于每年农隙时，征调环塘民众培修埂堤。枯水季节，则集中人力，挑河身，增筑塘堤，修理门闸，在任7年，从无懈怠。后升任太湖知县，寿县百姓很是感念。

民众订立《新议条约》，明确规定了"均沾溉"的原则，规定"无论水道远近，日车夜放，上流之田不得拦坝，夜间车水致误下流用水，违者议罚"；并规定"水足时，照章日车夜放，上下一律"；水不足时，则"尽上不尽下，犹为有济，上下不得并争"，同时通过"慎启闭、禁废弃、专责成"等手段，使灌溉用水逐步走向制度化。这样做既满足了环塘民众的用水需求，防止水事纠纷，又提高了用水效益。这种用水规则的制度化是芍陂水利共同体形成的重要标志。

纵观历史的发展，不难发现，明清时期芍陂的占垦问题，在某种程度上有一定的历史必然性。从大历史的角度来看，当时政府的社会政策、人口压力和小农经济的特点，使很多人难以通过技术手段和其他途径获得更广阔的生存空间。所以，占有更多的土地（农业社会的基本生产资料），更好地维持生存就成为一种必然，这是导致芍陂地区"与水争地"局面出现的核心所在。它带给我们的历史思考在于，要维持农业社会的生态平衡，必须不断通过发展商品经济，让更多的农业人口转移到其他生产领域，才能从根本上解决农业人口过剩，与水争地的矛盾。

当然，占垦问题的屡禁不止，也从一个侧面反映了在传统社会后期，地方社会对公共水利资源管理技术手段的落后。虽然明清时期在芍陂管理上逐步形成了塘长、董事、门头的民间管理体系，但这些管理人员的责任心却很难把控。夏尚忠在《芍陂纪事·容川赘言》中即曾指斥塘长利用职便徇私舞弊、贻患塘务。所以他曾感慨地说："盖由明祖徙废安丰，官无专司，奸民恣肆，加以诸公不思远大，苟安目前，奸究得志，人尽效尤，积弊已深，势重难返。"而在芍陂屡次被侵垦的过程中，我们发现地方官府往往都是在侵垦事件发生并发展到一定程度后，才站出来进行清理、维护，其时已晚。这种依靠长官意志来决定芍陂命运的管理思路，必然难以形成有效管理机制。另一方面，在芍陂的管理实践中，塘长、董事、门头、环塘民众等并没有形成一套有效的运行机制。他们大多数时候是在官方的主导下维持着芍陂的日常修缮工作，却不能对公共利益的损害行为形成长效的约束机制。要知

沈毓麟

浙江会稽人，附贡生。嘉庆初年任寿州州同。嘉庆七年（1802年）春正月，沈公与环塘士绅在孙公祠商议修补堤岸。当时堤岸崩塌的地方已经很多，堤坝浅薄之处也已危在旦夕。可惜当时河道正水满，不能挖土。有住在田埂周围的百姓自愿把土捐出来，筑坝土壤问题才得到解决。当时分工每个士绅分段监工施工，同一天开工，历60天工程结束。当时凤凰、皂口两个闸也渐渐损毁，滚水坝也倒了。沈公计划一并修筑，不料之前暂代凤阳县令时，曾上报有误，被免职离任，百姓扼腕。

朱士达

字恕斋，江苏宝应人。道光八年（1828年）知寿州时，劝募环塘人民按亩捐资，修治安丰塘。他自己带头捐资1000两，州同等捐俸银150两，不足部分由士民许廷华、江善长捐助，共得银11760余两。是年二月开工，重修皂口闸和众兴滚水坝，疏通中心沟50余里，挑挖塘身，增补堤埂，改修凤凰闸护堤，更换各口门石板和朽裂的木桩，九月竣工。十一月，用修塘余款修缮孙公祠。

道，水资源对当地民众而言，是一种公共资源，围绕这一公共资源，当地基层社会虽然结成了一定程度上的利益共同体，但由于公共意识的淡薄，水资源在所有权方面的公共性变得模糊，这必然会带来芍陂资源使用权上的不确定性，从而使豪强顽民得以不断侵垦芍陂。

◎ 光绪三十四年（1908 年）张树侯《寿州乡土记》所载芍陂情形

可见，在传统社会后期，对公共水利资源的管理、利用，基本上仍是头痛医头，脚痛医脚，哪里出现问题，便在哪里进行治理，既不能全盘规划，也不能未雨绸缪。这种管理思想不仅影响着水利工程的绩效，而且难以形成长效机制。历史的经验告诉我们，只有对农业社会的生产生活规律有深刻的认识，并在此基础上建立一整套官方与民间相辅相成的规划、管理、运行、奖惩机制，才能避免出现水利工程时兴时废的局面。

五、近代命运与环境变迁：民国时期

民国时期，社会动荡，芍陂水利工程也命运多舛。它依然面临被开垦为田的危险！

1921年，寿县部分地方士绅，向安徽省主席吕调元呈请开垦安丰塘，遭环塘民众反对，未遂。1938年，众兴集附近的塘河两岸，被沿堤农户侵占为菜园，阻塞河道，导致河水由滚水坝向西漫溢，小河湾、鲁家湾等地数千家农田被淹。1941年，众兴集南北居民侵占堤坡、堤顶为田，破坏堤型。夏秋大旱之际，"地方人士皇甫道明、鲁振声等，倡议放垦安丰塘。安徽省建设厅派技士与寿县县长至安丰塘实地查勘。旋由安徽省政府以建农字

裴益祥

寿州（今安徽省寿县）人，生卒不详，1932年，任安徽省建设厅水利工程处处长兼总工程师。由于清末以来，安丰塘工程引水渠道淤塞，灌溉面积锐减。裴益祥于1934年派员查勘安丰塘，并组织人员测量淠源河与塘河，编制了《寿县安丰塘引淠工程计划书》，上报导淮委员会。为了解决工程经费问题，裴益祥致函第四行政区专员，要求列入地方建设项目，酌拨部分经费。环塘人民每亩损洋一角以补不足。与此同时，他还四处奔走，向乡绅明达之士募捐筹措，以促成修治计划的实施。在他的努力下，这次修治工程由导淮委员会与安徽省水利工程处组织实施，并于1935年开工。至1936年，除淠源河进水闸外，其余各项工程均已基本完成。安丰塘的灌溉面积增加到20万亩。

第4623号文，批准在塘南露滩处暂设小农场，种植耐水作物"①。这种占垦行为，极大破坏了芍陂的生态系统，成为民国时期芍陂逐渐萎缩、丧失灌溉功能的重要原因。

除了占垦为田的威胁之外，芍陂的水源问题也成为制约其发挥水利功效的一个重要因素。1928年，安丰塘主要引水河道淤塞，蓄水量锐减，灌溉面积仅六七万亩。"民国21年至24年，四年间三次塘干，滴水不蓄，……造成农业严重减产。"导淮委员会编写的《治水兴利》刊物记载有："安丰塘……昔为灌溉水库，迄今水源阻塞，塘堤颓废，蓄水之效几已全失。"不难看出，由于上游不断占垦拦坝，芍陂水源不畅，使得其难以为继！在1932年到1935年的四年时间里，安丰塘三次干涸，水田也改种旱粮。到中华人民共和国成立前夕，其灌溉面积萎缩至七八万亩。

值得注意的是，民国时期，芍陂的治理也呈现了一些新变化。主要表现在三个方面：

（一）科学化——现代水利工程技术的应用

民国时期对芍陂治理的一个显著变化是现代水利工程技术的运用。这主要体现在对芍陂测量的科学化和工程设计的科学化上。"长期精密的测量数据是进行水利建设首先必备的工具。"对芍陂的查勘测量在民国时期是导淮工程计划的重要组成部分。在1934年的引淠工程中，安徽省水利工程处派队测量安丰塘，历时两个月完成。这次测量不仅得

① 安徽省水利志编纂委员会：《安丰塘志》，合肥：黄山书社，1995年，第20页。

到了有关芍陂的精确数据，还据此绘制出"芍陂引淠灌溉区域图，芍陂塘淠源平面图，芍陂塘淠源纵断面图，孙家湾、木厂铺、两河口横断面图，芍陂塘引淠工程木厂铺桥闸图"五个水利工程图，并根据工程预算设计出甲乙两种工程计划方案，科学合理的测绘，使观者一目了然。此外，在芍陂治理中，还配备专门的水文监测员，从事水文监测工作。1940年，安丰塘塘工委员会成立，"下设工程股和总务股及工队长，由导淮委员会任命1人为水文监测员，按时记载和整理水文资料，上报导淮委员会"。上述情况表明现代水利科学知识与技术已应用到芍陂治理中，这是芍陂水利史上的一次重大飞跃。

（二）系统化——成为淮河流域水利工程系统的一部分

民国时期淮河流域屡受自然灾害影响，而芍陂作为重要的反调节水库，灌溉之利极大，因而被纳入整个淮河治理过程中，成为导淮工程的重要组成部分。"安徽寿县安丰塘为该区灌溉水库，可灌田420000亩，以堤防圮废，水道淤塞，久失灌溉之利。经本会测量设计，与安徽省政府合作施工，浚河筑堤工事已竣。……已实支工款110000元。"[1] 在导淮系统工程中，安丰塘灌溉区在导淮工程计划总图中被标为23，是其中为数不多的专项治理的系统性灌溉工程。

---

[1]　导淮委员会编印：《导淮委员会十七年来工作简报》，1946年，安徽省图书馆藏。

◎　1934 年导淮工程计划图中的安丰塘位置，标号为 23

　　除此而外，民国时期对芍陂的规划治理，综合考虑了芍陂的水利效益，将开源、防洪、灌溉、航运集于一体。1934 年 7 月，安徽省水利工程处在编制的《寿县芍陂塘引淠工程计划书》中提出"其主旨在于灌溉，而航运防洪，亦兼筹及之"。1935 年至 1937 年，导淮委员会在此基础上开始系统治理安丰塘，据沈百先《三十年来中国之水利事业》载，安丰塘工程"二十五年一月开工，迄至二十六年十二月止，除淠源河进水涵洞尚未完成外，其余各项工程均已告竣"。可见，当时对于安丰塘的治理不是单纯地解决水源灌溉问题，还充分考虑到了防洪甚至航运的问题。"斯项工竣以后，环塘农田二十万亩，悉得灌溉之利，每条增加农产数量，其价值当在一百万元以上"。[1] 此一时期安丰塘从查勘测量到设计规划再到施工验收均有规划，成为一个系统化的治理工程。

① 秦孝仪主编：《抗战前国家建设史料：水利建设（二）》，台北："中央文物供应社"，1979 年，第 357 页。

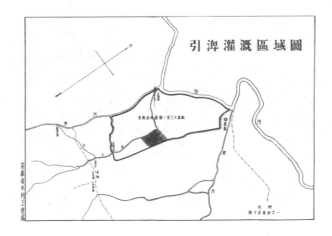

◎　1934 年《寿县芍陂塘引淠工程计划书》中的灌溉区域图

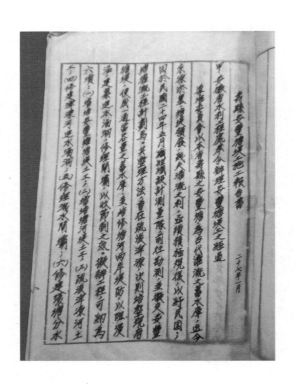

◎　1938 年印《安丰塘堤工施工报告书》（资料来源：安徽省档案馆）

朱士镇

（1901－1961 年），字静字，安徽省寿县城关镇人。早年毕业于上海建筑工程职业学校，学成回寿，任教员多年。1941 年始任寿县政府建设科科长，抗日战争时期，兼任寿县淮域工赈工程委员会总干事。他在任建设科科长期间，多次配合安徽省水利工程处技工胡广谦、程瑞麟等实地查勘安丰塘，积极筹划治理措施，征集民工，组织施工。在一次施工中，因连日阴雨，交通受阻，拨款未到，他典卖田产，解决了经费困难，保证了工程顺利实施。

（三）民间与政府治理的双重推动

水利是一种需要投入庞大人力物力，耗费时间的工作。"因此水利不但是省县地方政府重要的施政项目，也是地方自治（社会层次）中的重要工作。"[1] 民国时期对芍陂的治理，同样体现了民间与政府互动的格局。主要体现在：

1. 在芍陂的保护上，民间与政府共同努力。

1921 年，寿县部分地方士绅，向安徽省主席吕调元呈请开垦安丰塘，遭环塘民众反对，没有得逞。1931 年 6 月，塘民大会审查通过《寿县芍陂塘水利规约》，并呈请官府备案，该规约"分组织管理、塘务管理、使水规则三部分"。同时"筹备成立安丰塘水利公所，公所采用委员制，由塘民大会选举产生，办公地点设在孙公祠内"。水利规约的制定和水利公所的筹建为芍陂的发展提供了制度保障和组织保障。1941 年，安丰塘塘工委员会组织清除被侵占的堤岸，遭到占垦者的抗拒，

[1] 谢国兴：《中国现代化的区域研究——安徽省（1860－1937）》台北："中央"研究院近代史研究所，1991 年，第 285 页。

◎ 1944 年，导淮委员会导淮工程系统中的安丰塘灌溉工程计划

双方讼案迭起。1946 年 8 月 3 日，蒋介石签发京会字第 1025 号训令，"转发寿县芍陂塘塘工委员会主任黄了白等呈之《寿县整理安丰塘工程复工计划意见书》"，重申禁垦事宜，并令淮河流域复堤工程局，"派员查勘设计、筹划施工，并将查勘情形及施工计划报核"。通过双方的共同努力，芍陂没有被废为田，千年古塘得以继续发挥灌溉效益。

2. 环塘民众与官方积极配合，确保芍陂修治工程的顺利进行。

例如，1937 年，芍陂治理工程于"11 月 8 日正式开工，初期上工 500 人，后逐渐增至 1600 多人"，"塘河两岸 197 座涵洞，也于 12 月由受益民户修缮完竣"。又如 1941 年开始担任寿县政府建设科科长的朱士镇，多次配合安徽省水利工程处的技术人员查勘安丰塘，积极筹划治理措施，征集民工，组织施工。在一次施工中，因连日阴雨，交通受阻，拨款未到，他典卖田产，解决了经费困难。凡此种种，都是民间力量参与芍陂治理的表现。正是官方与民间的共同努力，芍陂才在时局动荡不安中得以幸存，并一度扩大其灌溉面积，为后世进一步开发利用奠定了基础。

不可否认，民国时期对芍陂的治理还很不成熟，主要体现在：治理芍陂更多的是停留在计划或图纸上，真正实质性的治理并不多。与此同时，芍陂之利往往被地主豪绅所侵占。时谚云："安丰塘下暗无天，地主豪绅狠又奸，用水他们使头份，单门弱户不摸边。摊粮派款干什么？吃喝嫖赌抽鸦片。要问他们啥货色？塘工委员臭老爷。"可见芍陂水利已为地方豪强势力所把持，普通民众是难以共享灌溉之利的，以致到中华人民共和国成立之初，芍陂的灌溉面积只有七八万亩，远远没有达到应有的使用效益。

出现这种情况，一方面是当时时局艰难所致，两淮地区经历战争，水利建设屡受干扰。1936年修治芍陂工程，就是因为日军迫近、民工散去而被迫停工的。另一方面，经费不足是芍陂得不到有效治理的又一重要原因。在民国时期，无论导淮工程还是地方水利建设，都遭遇严重的经费困难，政府拿不出更多的钱来进行水利建设，所以周魁一先生曾感叹："在今天看来是微不足道的小工程，而当年却需要主管官吏四处奔走去筹措经费，甚至不得不使用赈粮款项。"[1] 故而芍陂的治理停留在计划图纸上，难以真正实施也在情理之中了。

这一时期芍陂水利发展还有两点值得关注。

---

① 周魁一：《1935年芍陂修治纪事》//《芍陂水利史论文集》（内部印刷），1988年，第23页。

◎　《安徽寿县全图》（1946 年）中的安丰塘

一是对芍陂的管理开始走向近代化。例如 1925 年 5 月 18 日，环塘民众就举行了首次塘民大会，通过了以成立管理组织和实行分段管理为主要内容的表决案。此后，相继成立安丰塘水利公所（1931 年）、塘工委员会（1940 年）等近代管理机构，并通过近代技术手段对安丰塘进行较为全面的勘测和规划，这是芍陂千百年来的一大变化。

二是芍陂被纳入整个淮河水利系统之中加以治理。尤其 1935 年至 1937 年前后，南京国民政府主持对芍陂进行了一次较大的修治。此次修治，导淮委员会与安庆陈宏记营造厂签订承包合同，由后者负责工程修治。这是芍陂历史上首次由外地水利施工单位参与工程兴修，打破了以往芍陂水利兴修仅由本地民众参与的惯例，是芍陂水利治理呈现的新面貌。

◎ 表 7　民国时期芍陂治理情况一览表①

时间	参与治理机构	治理内容	机构性质
1925 年	塘民大会	通过机构设置、分段管理的"表决案"。	民间
1931 年	塘民大会	通过了《寿县芍陂塘水利规约》，筹备成立安丰塘水利公所。	民间
1933 年	寿县政府	编制《疏浚芍陂塘淠源及修筑塘堤计划书》，对安丰塘进行局部整修。	官方
1934 年	安徽省水利工程处	测量安丰塘、编制《寿县芍陂塘引淠工程计划书》。	官方
1935 年	导淮委员会	引淠工程施工、查勘，编制《安徽寿县安丰塘灌溉工程计划书》。	官方
1936 年	导淮委员会治下的"整理安丰塘工程事务所"；安徽省水利工程处	疏浚淠源河工程，增培塘堤及塘河河堤工程。	官方
1937 年	安徽省水利工程处成立"安丰塘堤工事务所"。导淮委员会与安庆陈宏记营造厂签订承包合同。（工程外包）	培修塘河河堤工程，培修塘堤和淠源河河堤，建淠源河进水闸。	官方、民间
1940 年	安丰塘塘工委员会成立	委员会下设工程股和总务股，并有专人负责水文监测工作。	民间

---

① 李松：《民国时期芍陂治理初探》，《皖西学院学报》，2011 年第 3 期。

续表

时 间	参与治理机构	治理内容	机构性质
1941 年	安丰塘塘工委员会、安徽省建设厅、安徽省政府	清理被侵占的塘河河堤；派人实地查勘；以建农字第 4623 号文，批准在塘南露滩处暂设小农场，种植耐水作物。	民间、官方
1943 年	安丰塘塘工委员会	要求查惩毁坏安丰塘堤型者，要求拨款继续进行安丰塘整理工程。	民间
1944 年	安徽省水利工程处、寿县建设科	查勘，编制计划书。	官方
1945 年	安徽省政府	电告导淮委员会。	官方
1946 年	淮河流域复堤工程局	查勘，编制报告书。	官方
1947 年	淮河流域复堤工程局第三工务所	查勘引水口。	官方
1948 年	淮河水利工程总局	测量安丰塘。	官方
1949 年	环塘农民协会	保护和管理。	民间

由表 7 可知，第一，民国时期对于芍陂的治理涵盖成立管理机构、制定规章制度、水利查勘、工程测量、编制计划书、疏浚水源、培修塘堤、建进水涵洞、阻止放垦等诸多方面。特别是 20 世纪 30 年代以后，随着南京国民政府政权的相对稳定以及导淮委员会的成立，政府明显加大了对淮域的治理力度。而安丰塘由于其水利灌溉的功效，自然成为淮河流域治理的重要内容之一。从上述统计中我们不难发现，民国时期政府对芍陂的勘测和管理多达 15 次，平均约 2.5 年一次。这个频率远高于清代对芍陂的治理频率，从一个侧面反映了在淮河流域水利建设上，民国时期政府还是有所作为的。

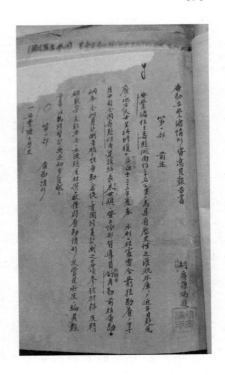

◎　民国时期胡广谦编撰的芍陂查勘报告书

　　第二，民国时期参与芍陂治理的机构多达 11 个，从性质上看，既有官方性质的机构，又有民间性质的机构。这些机构既涉及专业水利部门，如淮河水利工程总局；又涉及专业私营行业，如 1937 年 5 月 1 日，导淮委员会与安庆陈宏记营造厂签订承包合同，将培修塘堤和淠源河河堤、建淠源河进水闸的工程项目外包给陈宏记营造厂建设。这种将水利工程外包的行为，反映了当时水利建设主体的多元化，是内地水利建设的一种新趋势，也是芍陂治理史上的一大新变化。

　　从总体上来说，在时局动荡、战乱频仍的民国时期，对芍陂的治理虽不如中华人民共和国成立后，但在很多方面仍取得可喜的成绩。

主要体现在：

第一，对芍陂的查勘测量以及相关工程的实施使芍陂第一次有了科学准确的数据。例如 1934 年 7 月为引淠水而进行的测量，准确地得出了当时芍陂的面积"纵七点四公里，横五公里，计面积三七点四二平方公里"。同时，明确指出"该塘最大容量计仅五六点一兆立方公尺，附近稻田除雨水外，尚须有三十公分左右水深，以供灌溉，则每十万亩所需水量，约在一八点四二兆立方公尺，若利用该塘平时蓄水，以供需水时期之灌溉，至多不过三十万亩，而待灌之田有百万余亩。其余田地，自必取给于引淠渠之进水量"。[①] 这些通过科学测量得出的数据，是当时进行芍陂工程治理的基础，也为后世了解掌握芍陂的历史变化，复兴芍陂水利提供了第一手的资料。

第二，民国时期对芍陂的整修、治理，使芍陂不至于被进一步占垦及湮废。芍陂作为千年水利工程，在历史上曾发挥过极其重要的灌溉作用，泽被淮南。民国时期，芍陂不断被勘查、测量，一度得到整治、疏浚，得以继续发挥灌溉之利。虽然在 1944 年秋，寿县田粮处副处长赵同芳代表豪绅大地主利益，呈报《寿县安丰塘放垦计划书》，试图废塘为田。在关系到芍陂存亡的紧急关头，当地有识之士联合环塘民众，到处奔走呼吁，力陈安丰塘灌溉之利以及废塘垦田之弊，迭次呈诉于安徽省水利工程处以及导淮委员会委员长蒋介石。导淮委员会遂转请安徽省政府予以查禁。1945 年 10 月 13 日，安徽省政府电告导淮委员会："已将寿县安丰塘荒地管理专员办事处撤销。"占垦侵塘之风至此得到有效遏制，芍陂得以幸存。

---

① 安徽省水利工程处：《寿县芍陂塘引淠工程计划书》，1934 年，安徽省图书馆藏。

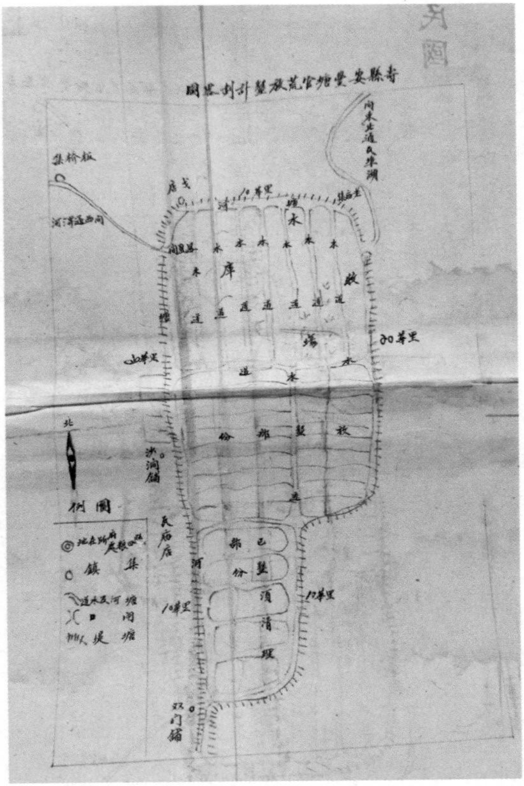

◎ 1944 年，安丰塘放垦计划略图，安徽省档案馆藏

第三，对芍陂的治理出现规范化操作的趋向。在 1912 年至 1949 年间，芍陂水利的治理被纳入整个淮域水利建设的层面，从而使芍陂的治理呈现出规范化的趋向。在整修芍陂水利的过程中，有专门的水政部门负责实施，其步骤是首先查勘测量，然后制订相应的“工程计划书”，再成立相应的工程处，实施具体的治理工程。这一系列程序化的操作，得益于相关水政部门的有效组织，同时产生了大量关于芍陂治理的计划书。如 1933 年的《疏浚芍陂塘淠源及修筑塘堤计划书》、1934 年的《寿县芍陂塘引淠工程计划书》、1944 年的《安徽省

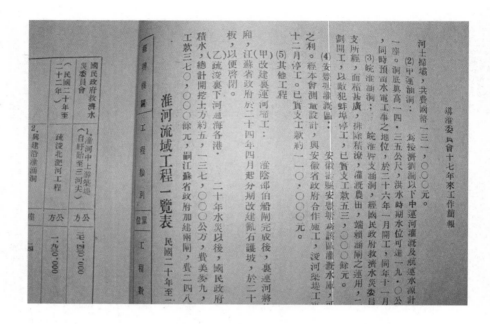

◎ 民国时期导淮委员会工作报告中的安丰塘工程进展情况

寿县安丰塘灌溉工程计划书》、1946年的《寿县安丰塘查勘报告书》，等等。这些计划书及报告书使对芍陂的治理建立在科学勘测的基础上，对整个工程建设起到规范化的作用。

芍陂在近代以来的发展治理除了上述新变化之外，另一显著的成就是水利规约的形成与施行。这些水利规约是反映晚清至民国时期芍陂水利发展状况的重要文献，是维系芍陂水利社会的制度基石，具有极高的文献价值和历史价值。因此，透过这些水利规约，可以窥见芍陂在晚清以来的治理得失。①

近代芍陂水利规约的形成有其现实原因。

明清时期，因芍陂屡受占垦问题的困扰，地方政府和环塘民众加

①　陶立明：《清末民国时期芍陂治理中的水利规约》，《淮南师范学院学报》，2013年第1期。

大了对芍陂的治理力度和频率。尤其在清代，对芍陂的管理在频率上要远远高于明代。据不完全统计，从李大升第一次修治芍陂到任兰生最后一次综合治理。我们可以看到在200余年里，对芍陂及其相关设施的维护、治理达到20余次，平均每10.3年芍陂便可得到一次修整治理。这种对芍陂的频繁治理反映了地方政府与社会在水利事业上的积极性，是清代地方社会在水利管理上日趋严格的体现。但对芍陂的频繁治理也说明当时人们对于如何利用这一水利资源尚缺乏某种共识，尤其环塘民众对芍陂水利的使用、维护、治理更多的还是依靠官方来解决。这就迫切需要以某种规约的形式来促成对芍陂的共同治理。所以任兰生在治理芍陂的过程中深刻认识到，"陂既治矣，然仰此陂之利者数千余家，陂水畅旺不知惜，陂水减少辄相争。其弊非中于因循，即害于凌竞。苟非明定章程，俾知遵守，而又得士绅之贤者相与提倡，而董率之陂，虽治不可深恃也"。[①] 有鉴于此，他很快将夏尚忠的《芍陂纪事》"略加删节，并增入现在兴修事宜，付之于民，俾环陂而居者，家置一编，永远遵守"。同时主持制定《新议条约》16条，附在《芍陂纪事》书中。《新议条约》对芍陂工程管理作了具体规定，并有明确的奖惩制度。任兰生的这一举措，使环塘民众对如何使用、保护芍陂水利资源有了明确的认识。与此同时，一些约束性制度在地方官府的积极倡导下，或镌刻于碑，立于陂侧；或刊书成册，发至环塘民众，使对芍陂的管理逐步进入到一个有章可循的时期。这对保护陂塘整个工程体系，避免人为损毁具有重大意义，是推动淮南地区农业生产发展的重要保证。

民国初期，时局动荡，芍陂管理组织仍循清代旧制。1925年，

---

① 夏尚忠：《芍陂纪事·序》（卷上），清光绪三年版，上海图书馆藏。

安丰塘召开首次塘民大会，通过了以机构设置、分段管理为主要内容的"表决案"。这是环塘民众对芍陂使用、维护、管理迈出的重要一步，在某种程度上，"表决案"的通过表明芍陂水利共同体的正式形成。1931 年 6 月，塘民大会审查通过《寿县芍陂塘水利规约》，并呈请官府备案，该规约"分组织管理、塘务管理、使水规则三部分"。同时"筹备成立安丰塘水利公所，公所采用委员制，由塘民大会选举产生，办公地点设在孙公祠内"。"水利公所由执行委员 12 人，监察委员 3 人，书记兼会计 1 人，共 16 人组成。所有成员经塘民选举后，报寿县县政府备案委聘。水利公所把全塘分为南、北、中三段，每段设临时性办事处，由各段执行委员和监察委员督促塘长、门头就近管理。1940 年，废水利公所，由环塘绅士组成安丰塘塘工委员会，负责用水管理及岁修。"塘民大会、水利公所、塘工委员会等组织机构的成立，开辟了芍陂发展的新篇章，同时也为其水利规章的完善奠定了组织基础。

从上述可知，晚清至民国时期，芍陂水利规约形成的主要原因有以下几点。

其一，芍陂的屡修屡废，使地方政府逐渐认识到，必须建立相应的水利规约才能保障芍陂水利资源的有效使用。例如道光年间，江善长、许廷华等在陂内占垦，民众立即上书地方政府要求严查。寿州知州许道箓等除集提江善长、许廷华等到案讯详外，还勒石永禁。对"已开种及未经开种荒地，一概不许栽插。如敢故违，不拘何项人等，许赴州禀究，保地徇隐，一并治罪，决不姑贷"。此后，州同宗能徵把"禁侵垦官地"列为"分州宗示"之一，刻碑立于塘侧，以遏制占垦行为的发生。这种"出示晓谕，永禁开垦，以保水利事"的政府作为，是推动芍陂水利规约形成的主要力量。

◎ 《分州宗示》示禁碑拓片

　　其二，无论晚清时期，还是民国时期，在芍陂水利的维护中，民间力量开始形成真正意义上的水利共同体，他们成为芍陂水利规约制定、执行的重要力量。例如，光绪年间的《新议条约》明确规定全塘堤坝分作 6 个片段，每段"责成"两名以上董事"经管"。这些董事多由塘下绅士充任，其职责是监督执行各项塘规。如遇不遵规章者，该管董事可约同各董共同"议罚"，必要时"禀官差提究治"。有关塘务例会一年两次，春秋二季在孙公祠举行。门头是根据芍陂所设闸门，各门按亩派夫，十夫之中轮拨一名，谓之"门头"，注册送官府备案，并"轮流滚作"。门头直接受塘长辖制，负担较为繁重的任务。凡遇工程，门头须协同塘长催夫上工，施工时，门头随时检验工程质量。没有工程的时候，门头之职，则为"司启闭"及更换朽坏闸板、修培塌损堤坝等养护工作。倘玩忽职守造成损失，则须"赔办"。这种民间管理体制的发展完善促进了芍陂水利资源的有效利用，对遏制侵塘占垦现象的蔓延，预防水事纠纷的发生起到了积极作用。

从现有的芍陂碑刻资料和文献记载来看，清末民国时期芍陂的水利规约内容丰富，大致可以分为四类：

1. 约束类规约

此类规约主要是对环塘民众侵害陂塘的行为进行规范，以维护陂塘的公共利益。如晚清任兰生主持修订的《新议条约》明确规定"禁牧放"。农户在堤上放牧，极易损坏堤坝。更有遇陡峻处铲削斜道，形成薄弱环节，一遇水狂波汹，往往冲成缺口，为害非轻。为此，特立"禁牧放"一款，规定"是后有在堤上牧放者，该管董事将牲畜扣留公所议罚"。此外还有禁废弃，禁取鱼等条款，均是约束环塘农户行为的规定。其后由宗能徽建"寿州第一水利碑"，并撰"分州宗示"，共列六条禁令："一禁侵垦官地，一禁私启斗门，一禁窃伐芦柳，一禁私宰耕牛，一禁纵放猪羊，一禁罾网捕鱼。"成为约束类规约的典型代表。

1931年6月，塘民大会订立了《寿县芍陂塘水利规约》，并印制成册，发至环塘民户。该规约"分组织管理、塘务管理、使水规则三部分"。规定：①塘内不许捕鱼、牧牛，挑挖鱼池、牛尿池，私筑坞坑。②塘中罾泊阻碍通源，斗门张罐害公肥私，应随时查禁。③牛群及其他牲畜践踏塘堤，应责成该牧户随时培垫。④拦河筑坝，堵截水源，立即铲除。⑤斗门涵窨及车沟向有定额，有私开车沟，私添涵门者，应掘去或填平。⑥侵占公地，盗使堤土，应责令退还或培补。这些规定相比晚清时期《新议条约》的约束更为严格细致，非常具有针对性，是芍陂水利社会形成的共识，也是维护芍陂水利秩序的必然结果。

2. 职责类规约

在芍陂的众多水利规约中，有许多涉及管理人员职责的内容。例如，《新议条约》中有关董事职责的规定，"塘中有水时，各门上锁，钥匙交该管董事收存，开放时须约同知照"，"每年农暇时，各该管董事须看验宜修补处起夫修补，即塘堤一律整齐，亦不妨格外筑令坚厚，不得推诿。"并在护塘堤、专责成方面做了详细规定，明确环塘董事及相关护塘人员的职责。民国时期的《寿县芍陂塘水利规约》也明确规定"培垫塘堤，堵塞破口，须兴大工者，由环塘按伏公派；斗门毁坏或冲破，由该门使水花户修理"。这些规定在制度层面规范了芍陂的塘务管理，明确了相关责任人的职权、责任和义务，具有很强的针对性和实用性。而且它是基于官府或塘民大会订立的，对于维护芍陂水利秩序意义重大。

3.水资源使用规则

光绪五年（1879 年），任兰生主导订立《新议条约》，明确规定了"均沾溉"的使水原则，规定"无论水道远近，日车夜放，上流之田不得拦坝，夜间车水致误下流用水，违者议罚"；并规定"水足时，照章日车夜放，上下一律"；水不足时，则"尽上不尽下，犹为有济，上下不得并争"，同时通过"慎启闭、禁废弃、专责成"等手段，使灌溉用水逐步走向制度化，这样做既满足了环塘民众的用水需求，防止水事纠纷，又提高了用水效益。民国时期订立的《寿县芍陂塘水利规约》同样含有使水规则。但由于当时的塘工委员会是民间组织，遇有地主豪绅抗命，使水规则往往成为一纸空文。

4.计划书

民国时期，官方在治理芍陂的过程中，经过详细查勘和科学测量，形成了许多芍陂工程的"计划书"。包括 1933 年的《疏浚芍陂塘淠源及修筑塘堤计划书》、1934 年的《寿县芍陂塘引淠工程计划书》、1944 年的《安徽省寿县安丰塘灌溉工程计划书》、1946 年的《寿县安丰塘查勘报告书》，等等。这些计划书或报告书实际上是在制度层面对芍陂进行的科学规划，奠定了芍陂治理的科学基础，对芍陂水利建设起到了规范作用。

透过芍陂水利规约的这些内容，不难发现，它有如下三个方面的特点：

一则芍陂水利规约反映了芍陂水利共同体的利益诉求。

明清以来，随着自然环境、居民结构、人口数量和水利设施的改变，寿县地方社会出现了巨大变化，原先呈封闭态势的芍陂水利共同体逐渐面临越来越多的各种挑战。例如不断爆发的侵塘占垦问题和阻断水源问题。对于芍陂的既得利益者来说，这不仅威胁到他们的实际利益，而且涉及要不要维护公利的问题。芍陂水利规约制定的主体是地方政府的行政长官或环塘民众代表。其关于芍陂工程的岁修、禁垦、清障、水资源使用等的约定，既是地方社会对芍陂水资源利用达成的共识，也是明清以来芍陂水利共同体的集体利益诉求。这种诉求是建立在环塘民众希望合理利用芍陂水资源基础上的，是维护环塘民众共同的用水权益的需要，是一种关系到环塘农业生产能否持续的集体利益诉求。

二则芍陂水利规约的形成与"废陂为田"的威胁共同存在。

芍陂水利规约的形成来自明清以来芍陂被废为田的压力。这种压力促使芍陂环塘民众和地方政府不得不采取相应的应对措施，来从根本上解决芍陂存废的问题。明清两代，芍陂虽屡经修缮治理，但"至清朝末年，人稠地满，塘内淤积之地，皆垦为田，塘内洼地变成畜牧之所"。[①] 民国之后，这种占垦现象仍屡有反弹。例如，1938 年众兴集附近的塘河两岸被沿堤农户侵占为菜园，阻塞河道，导致河水由滚水坝向西漫溢，小河湾、鲁家湾、甘家桥等地数千家农田被淹。1941

---

① 安徽省水利志编纂委员会：《安丰塘志》，合肥：黄山书社，1995 年，第 10 页。

年众兴集南北居民侵占堤坡、堤顶为田，破坏堤型。这种占垦行为，极大破坏了芍陂的生态系统，造成芍陂逐渐萎缩。因此，地方长官和环塘民众为应对占塘候垦的威胁，不断从制度层面上加以规范，出台相应的管理规约，确定岁修、日常管理原则，明确使水规则，完善管理组织，厘定管理职责成为一种必然选择。这些规约往往是芍陂被废为田威胁下的产物，其内容主旨是确保芍陂水利灌溉的功用得以延续下去。

三则芍陂水利规约是官方与民间集体智慧的结晶。

清末民国时期的芍陂水利规约是地方政府与民间集体智慧的产物。无论是清末治理芍陂的任兰生，还是民国时期规划治理芍陂的地方政府，都为芍陂水利的延续做出了自己的贡献。他们为芍陂确立了岁修、维护、管理等一些重大的原则，使芍陂水利不断得到整修治理。与此同时，环塘民众积极参与芍陂水利建设，组成相关的管理机构，如芍陂水利公所、环塘民众大会等，厘定芍陂管理的具体章程，采取分段负责的措施，共同维护芍陂的水资源使用。因此，环塘民众和地方有识之士也是芍陂水利规约的重要制定者和执行者。

水利是农业的命脉。"兴水利、除水害，事关人类生存、经济发展、社会进步，历来是治国安邦的大事。"① 近代以来，有关芍陂的水利规约经历了一个从无到有，逐步完善的过程。这些水利规约在传统社会后期的芍陂治理中扮演了重要角色。一方面，这些水利规约使环塘民众进一步形成了维护芍陂水利的共识，制止了对芍陂的非理性

---

① 《中共中央国务院关于加快水利改革发展的决定》，2010 年 12 月 31 日。

侵占，避免了芍陂被废为田的尴尬局面。同时也限制了环塘民众的非理性用水行为，是维护芍陂水利工程的重要保障。但另一方面，我们也看到，芍陂的许多水利规约在实践当中仍有较大的局限性。例如，民国时期安丰塘水资源为豪强所霸占，相关水利规约被束之高阁。当时环塘民众流传这样的民谣："安丰塘下暗无天，地主豪绅狠又奸，用水他们使头份，单门弱户不摸边。摊粮派款干什么？吃喝嫖赌抽鸦片。要问他们啥货色？塘工委员臭老爷。"从这个民谣来看，当时的塘工委员会成员俨然成了芍陂水利资源的垄断者，他们私开斗门，筑坝截水，不择手段垄断水源，极大破坏了芍陂的水利规约，致使安丰塘日渐残破，"蓄水甚微，仅六七万亩受益"。

可见，水利规约在施行中往往容易被地方豪强势力所左右。尤其是在地方政府统治力量弱化的时候，更是容易被摈弃，成为一纸空文。所以，政府强化对水利资源的掌控，是确保公共水利资源能否持续发挥效益的关键。此外，健全的法律法规制度和相应的管理组织机构，是确保公共水利资源不被私人垄断的重要保障。

六、古塘新生与工程再造：中华人民共和国成立以来

中华人民共和国成立后，芍陂水利迎来了新气象。寿县人民政府加强了对芍陂的整修与管理。这一时期，芍陂水利工程在陂塘管理、塘堤整修、疏通水源、修建闸坝、扩展灌区等方面有了质的飞跃。芍陂古塘迎来新生，成为淮河中游地区一座中型反调节水库。至此，芍陂之利，普惠淮南百姓。

解放后，芍陂水利发展大致经历了三个阶段。

第一阶段：从治淮工程的一部分演变为淠史杭工程的一部分。

1949 年 1 月，寿县解放。在党的领导下，安丰塘由环塘农民协会保护和管理。农民协会组织的第一个行动便是从政治上迅速地荡涤旧社会留下的种种弊端，彻底清算封建官僚地主阶层把持的一切水利特权。以农会为主的群众保护管理组织的成立，保证了安丰塘的正常灌溉。

1950 年淮河遭遇大洪水，毛主席提出"一定要把淮河修好"的号召。安丰塘灌区人民积极投入治淮工作。安丰塘修治成为治淮工程的一部分。这一年，灌区人民对安丰塘进行培修塘坝、加固斗门，严格管理放水，严禁扒掘等损水情况，使其灌溉效益恢复到近十万亩。

1951 年至 1953 年，安丰塘管理机构进行了调整与充实。1951 年 4 月，当时苏王区书记武崇祥召集环塘区、乡政府负责人会议，临时成立安丰塘水利委员会，负责处理安丰塘日常灌溉维修事务。1953 年 5 月，安丰塘水利委员会成为正式机构。同年，安丰塘灌区管理委员会成立，其主任一职由寿县分管农业的副县长兼任。灌区内区、乡人民政府分别成立区管理委员会和乡管理小组。至于安丰塘水利委员会则成为灌区管理委员会的常设办事机构，执行灌区管理委员会的各项决议。

1956 年 3 月，安丰塘水利委员会更名为安丰塘灌溉工程管理处，隶属寿县水利局领导。管理处对受益的 11 个乡，各派出一名职工驻乡就近管理。1958 年淠史杭工程开始兴建，安丰塘被纳入淠史杭灌区总体规划，成为灌区内一座反调节水库。工程技术人员按照总体规划要求，对安丰塘进行勘测设计。1958 年 10 月，淠东干渠和塘堤改建工程同时开工，淠东干渠开始成为安丰塘的主要水源。

◎　新中国成立后寿县百姓修治安丰塘（供图：叶超）

　　这一历史时期，寿县人民政府先后组织实施了填补堤防缺口、加高加宽塘堤、疏浚淠源河引水渠道、整修放水口门和闸坝等多项工程。1954 年淮河流域发生大洪水，原有的修复工程又遭洪水破坏，塘堤、口门、涵闸均有塌陷和损毁。洪水过后，国家投资 14.2 万元，上工 2 万多人，再次整修塘堤。1955 年，农业合作化高潮兴起，促进了水利的兴修，灌区内 3 万多人再次上工加宽塘堤，并重建了井字门渡槽，整修众兴滚水坝，恢复其泄洪功能。又将原有的 28 座放水口门合并为 24 座。灌区内各区、乡人民政府纷纷动员群众参加整修水利活动，扩建和新开了灌溉渠道共 517 条，有效扩大了安丰塘的灌溉面积。

　　1958 年，安丰塘工程被纳入淠史杭工程总体规划以后，政府对其引、蓄、灌、排等几方面工程，进行了全面的施工建设。

　　在引水工程方面，整合原有水源，开挖淠东干渠，设计流量为 56.8 立方米/秒，干渠下段利用老塘河，进行了裁弯取直，拓宽挖深，并从淠河总干渠上的小高堰泄水闸补充水源，在干渠上新建双门节制闸，调节干渠水位和进塘流量。1961 年 7 月初，淠东进水闸以 100 立方米/秒的流量迎来了大别山水库群的源源水流，从此解除了安丰塘水源不稳的问题，开辟了芍陂水利历史的新纪元。1974 年冬，寿县组织 10 万民工，对淠东干渠进行续建整治，至 1975 年春完成续建整治任务，解决了安丰塘灌溉水源和汛期排洪问题。

在蓄水工程方面，随着引水工程的建成，安丰塘扩建工程也相应展开，主要做了三项工作：第一，建筑新堤 20 千米，加高培厚老堤 5 千米。第二，调整改建斗门，将原环塘的 24 座斗门，调整改建成 20 座斗门。其中扩建戈店节制闸为淠东干渠下段进口处的灌溉泄洪两用工程。兴建老庙泄水闸，使安丰塘泄洪有了备用闸。废除井字门，改建成老庙倒虹吸，穿过中心沟，成为堰口分干渠的进水口。第三，块石护坡，塘堤土方工程按标准完成后，蓄水量可扩大到一亿立方米。但由于塘面吹程 10 千米，严重危及堤身安全，因此蓄水量长期限在 5000 万立方米以内。

丁玉文

（1933 — 1960 年），安徽省寿县保义人。解放初，他积极参加土地改革工作。1953 年 5 月，在安丰塘水利委员会工作。历任安丰塘管理处管理员、组长、副主任等职。他在历年防汛及抗旱筑坝截流中身先士卒，勇挑重担，表现突出，曾四次荣获寿县一等劳模称号。1956 年，他出席了安徽省先进工作者代表大会。1960 年 7 月 5 日，淠河上游山洪暴发，丁玉文带领 100 多名民工在堤上防汛。当安丰塘蓄水位降至灌溉水位时，寿县人民政府命令关闭老庙泄水闸，以确保蓄水灌田。因闸门漏水严重，丁玉文置个人安危于不顾，毅然跳入水中逐孔检查。检查到两孔时，他被卡在插板的裂缝中，不幸以身殉职，时年 28 岁。

为了扩大蓄水量，确保堤身安全，中共寿县县委于 1976 年组织 11 万多人，奋战两冬一春，修建块石护坡和防浪墙 25 千米，完成砌体64000 多立方米。

在灌溉工程方面，安丰塘设计灌溉面积为 63.85 万亩。灌区配套工程建设，采取了由上而下，由骨干到一般，分年实施，逐步铺开的方法。从 1962 年到 1965 年，先后建成了正阳分干渠、堰口分干渠、石集分干渠和迎河分干渠，开挖大型支渠 36 条，斗、农、毛渠 7000多条，各级渠道总长达 651.7 千米，相应建成大小建筑物 10000 多座，并在灌区渠道末梢兴建抽提瓦埠湖，以及由淮河外水补给的东津、窑口、江黄、刘帝等电力灌溉补给站 23 座。

在排水工程方面，解放初期，灌区易涝面积约为 20 万亩，广大群众先后开挖了中心沟、南湖沟、长沟、迎南截涝渠等 20 多条排水沟，围筑九里、东津、陡涧、建设、枸杞等较大生产圩堤 14 座，使17 万亩的洼地农田基本能旱涝保收。同时兴建电力排涝站 3 座，总装机 129 台套，功率 10691 千瓦。

随着灌排设施的不断配套，尽管安丰塘蓄水面积未变，但灌区面积却不断增加，昔日荒滩古埂，今日都变为沃野良田，灌区粮食产量大幅度增长。1979 年，灌溉面积达到 4.2 万公顷，灌区粮食总产量1.925 亿千克，1983 年达 2.665 亿千克，1989 年，灌溉面积发展到5.2 万公顷，粮食年产量 3.81 亿千克。[①]

不难看出，安丰塘在解放后 30 年时间里以飞快的速度完成了从残破不堪到配套完善的华丽转变。这种翻天覆地的变化在旧时代是难以

---

① 赵阳、季维保：《安丰塘灌区的持续发展经验》，《中国农村水利水电》，1998 年第 6 期。

想象的。安丰塘的发展，反映了社会主义制度下各级政府对农田水利的高度重视，也集中体现了社会主义能够集中力量办大事的优越性。

第二阶段：改革开放以来至 20 世纪末，芍陂水利发展巩固时期。

1. 安丰塘隶属关系的变动与调整

改革开放以后，芍陂水利迎来新的发展机遇。安丰塘管理处在水源灌溉业务上由安徽省淠史杭灌区管理总局对口指导，但其日常人事、财务、管理仍由寿县水利部门管理。1997 年，根据水利发展形势，安丰塘管理处改为寿县安丰塘水利分局，仍由寿县水利局直管。这就形成了寿县与淠史杭灌区管理总局双重管理的关系，二者在工程建设、水资源调配等方面积极配合，有效解决了涉及灌溉的一系列问题，保证了灌溉水源的稳定输送。

2. 安丰塘水利设施的完善与发展

1976 年春，寿县政府动员县、区、乡、村，自力更生完成塘堤护坡工程。到 1977 年底，完成塘堤块石护坡工程 23.9 千米，砌石66000 立方米。但由于当时任务重、时间紧，施工中疏于对工程质量监督检查，加之后来维修不力，到 1986 年防浪墙歪斜、倒塌长度达2081 米，干砌块石护坡坍塌缺损近 1 万立方米，防浪墙底板裸露，基地土壤被部分掏空总长达 3000 多米，已严重影响到安丰塘正常蓄水和塘堤的防洪安全。1988 年，安丰塘除险加固工程开始施工，至1989 年 4 月竣工，累计完成翻修护坡段长 24650 米，整修重建防浪墙近 2000 米，新建放水涵闸 4 座，维修加固涵闸 23 座，总投资 250万元。经过此次维修加固，塘内蓄水位达到 29.68 米，为历史同期最高，蓄水量达到 9021 立方米，[①] 有力保证了寿县地区农业灌溉。在此次施工中，为综合利用开发安丰塘的水土资源，部分恢复历史上的水中亭台，增设旅游景点，寿县政府利用放干塘水的有利时机，在塘内较高处堆筑塘中岛，该岛建成约 90 亩，岛内又建岛中塘，岛中塘约 30 亩，形成塘中有岛，岛中有塘的格局。此后该岛被命名为长寿岛。安丰塘此次除险加固，确保了安丰塘塘堤的安全，为顺利度过 1991 年大水奠定了基础。

进入 20 世纪 90 年代，安丰塘灌区社会经济快速发展。除了农业灌溉季节用水外，非灌溉季节用水量持续快速增长。为应对安丰塘用水形势的新发展，寿县积极推进灌区改扩建工程，大力推广节水灌溉。从 1995 年起，寿县政府在安丰塘全面实施"五个二"工程，即投资 200 万元，完成土方 20 万立方米，浇筑混凝土 2 万立方米，植树 20 万株，增加水库蓄水 2000 万立方米。实际规划总投资 2207 万元，经费由县财政承担 30%，其余部分按照"谁受益，谁负担"原则由群众自筹。该工程在 1998 年完工。与此同时，灌区农田水利建设向纵深推进，到 1998 年初，安丰塘灌区已建成"高标准、高质量、规范化、标准化"旱涝保收丰产田 1.067 万公顷。事实上从 1995 年开始，寿县水利局便成立了节水灌溉工作领导小组，专门推广"浅湿间歇"灌溉制度，首先在安丰塘水库新开门支渠灌区推广了 0.301 万公顷；1996 年，在新开门、团结门、利泽门三条支渠灌区推广 0.506 万公顷；1997 年灌区计划推广 4.13 万公顷，实际落实推广面积 4.358 万公顷。通过对比，推广"浅湿间歇"灌溉制度平均每年每公

---

① 安徽省水利志编纂委员会：《安丰塘志》，合肥：黄山书社，1995 年，第 44—45 页。

顷节水 750 立方米，增产粮食 1027.5 千克/公顷，增加人均农业收入 1500 元/公顷。[①]

这一时期，安丰塘水利工程的整修完善，使灌溉效益持续攀升。灌区配套设施进一步完善，节水灌溉、高产丰收理念逐渐成为新的指导思想，形成了集引水灌溉、排水防洪、节水高产为一体的优质示范性灌区。

3. 安丰塘水资源的开发与利用

古安丰塘水草丰茂，适宜鱼类繁殖生长。早在 1955 年，寿县政府便派员 3 人进驻安丰塘，配合管理渔政。1957 年成立寿县安丰塘水产畜牧场，下辖 12 个分场，开展渔牧业生产经营。1964 年改为寿县安丰塘水产养殖场。养殖品种主要为鲢鱼、鲤鱼、鲫鱼、草鱼等。从 1958 年到 1985 年，安丰塘总捕捞量为 208 万千克，年平均捕捞量约为 7.51 万千克。1988 年，捕捞量上升到 12 万千克。此外，银鱼原产于瓦埠湖，在 1978 年抗旱时，抽引淮河及瓦埠湖水进安丰塘，银鱼至此开始在安丰塘繁衍生长。1985 年开始捕捞，至 1988 年，安丰塘年产银鱼 2.5 万千克。到 1995 年，安丰塘繁殖鱼苗首超亿尾。1999 年，安丰塘开始由养殖大户租赁经营。至此，安丰塘水资源得到了进一步的综合利用，创造了更好的社会经济价值。

4. 安丰塘水文化遗产的发展

作为历时 2600 余年的古老水利工程，芍陂水文化资源十分丰富。从 20 世纪 80 年代开始，寿县政府开始致力于安丰塘水文化遗产的开

---

① 赵阳、季维保：《安丰塘灌区的持续发展经验》，《中国农村水利水电》，1998 年第 6 期。

发与保护。

1984 年，寿县政府制作《安丰塘记》碑，该碑正面文字为《安丰塘记》，由著名书法家司徒越先生撰文并书丹，背面为安丰塘水源及灌区示意图。

1985 年 3 月 9 日，时任国务院副总理李鹏视察安丰塘，指出："这是古人留给我们的一个宝塘，你们一定要管好、用好、建设好。"

1986 年是芍陂水利发展史上值得纪念的一年。这一年 5 月 18 日，寿县政府在安丰塘北堤东端，立起一块"芍陂"碑。碑名"芍陂"二字由省考古协会理事、著名书法家司徒越先生书写。5 月 23 日，中国水利史研究会、水利电力部治淮委员会、安徽省水利史志研究会联合组织，在寿县召开了第一次"芍陂水利史学术讨论会"。全国有关高等院校、水利史志研究单位的专家、教授、工程师共 30 多人出席了会议，宣读论文 11 篇。会议期间，专家考察了安丰塘古水源及有关水利工程。会后，编辑印刷了《芍陂水利史论文集》。这是国内首次就芍陂水利工程举行的专题学术研讨会，极大提升了芍陂水利工程在中国水利史上的地位，廓清了芍陂创建、水源、历史变迁等许多重大问题，对芍陂水利的来龙去脉及其价值有了新的认识。此次会议的召开，使芍陂水利在学术界、文化界、旅游界获得广泛传播，提高了芍陂的知名度和美誉度。

这一年，寿县政府在孙公祠南，距安丰塘北堤 15 米的塘内水面上兴建一座四角两层古典式碑亭，此后《安丰塘记》碑被移入该亭中。同年 7 月，安徽省人民政府公布安丰塘为安徽省重点文物保护单位。1988 年 1 月，国务院将芍陂列为第三批国家重点文物保护单位，千年古塘，益得新生。

◎　新世纪寿县修治安丰塘分支渠工程（供图：叶超）

　　第三阶段：2000 年以来，芍陂水利发展的新机遇。

　　进入新世纪，国家对水利工程建设的投入不断加大。以人为本、人水和谐，全面协调可持续发展的水利观逐步确立。各级政府也逐步开始探索现代水利发展治理的新思路。

　　安丰塘水利工程在这一时期同样迎来了新的变化、新的发展。

　　在安丰塘水利工程建设方面，2006 年，安丰塘除险加固工程被安徽省政府列为"民生工程"，国家投入资金 1.02 亿元。工程始于 2008 年，至 2009 年底竣工。此次工程重建维修 24 座涵闸，对塘堤加培土方 19 万立方米，堤身锥孔灌浆长达 31.26 千米，同时加固防浪墙工程 32.71 千米，堤顶新修防汛道路 19.88 千米，修建防汛仓库、管理办公设施等。[1] 此次大规模整修是 21 世纪以来一次重要的

———————

① 　寿县地方志编纂委员会：《寿县志（1987 — 2006）》，合肥：黄山书社，2016 年，第 290 页。

维护修缮，进一步改善了安丰塘的堤岸工程和涵闸工程，稳固了安丰塘的灌溉效益，灌区人民生产生活用水从此得到根本保证，提升了安丰塘的安全性和防洪标准。2014 和 2015 两年，寿县又投资 370 万元，对塘西、北两坡进行加固绿化，对塘周涵闸进行仿古改造建设，建成安丰塘景观小区。同时寿县抓住淠史杭灌区工程续建配套及节水改造机遇，争得 4254 万元投资，实施了安丰塘杨西分干渠除险加固及节水改造。其建设工程包括分干渠现浇砼 16.54 千米护坡综合整治、6 座支渠及分支渠进水闸和 18 座放水涵闸拆除重建、14 千米堤顶混凝土道路新建和配套管理设施等，使安丰塘的工程、生态、经济、社会效益更加显著。[①]

1. 在安丰塘水利规划方面

这一时期，芍陂水利在寿县政府和相关专家学者的支持下进行了一系列的水利规划，约请中国文物学会世界遗产研究会、中国水科院水利史研究所、中国科学院地理科学与资源研究所，深度开展对芍陂工程及历史文化的研究和挖掘，相继完成《芍陂农业水利文化遗产构成及价值研究报告》《芍陂农业水利文化遗产保护与发展规划》、芍陂《中国重要农业文化遗产申报书》《寿县水利文化建设总体规划》《国家重点文物（安丰塘）保护规划》《芍陂世界灌溉工程遗产申报书》等规划和"申遗"文本的编制上报，多次邀请国内专家进行研讨、评审和论证，为芍陂的下一步发展奠定了基础。

---

① 寿县水利局：《寿县安丰塘（芍陂）古水利工程调研报告》，http://www.shouxian.gov.cn/openness/detail/content/586614e1592c20650f4e9399.html

2.文化旅游资源开发与保护方面

2007 年，经安徽省文物局批准，原孙公祠更名为孙叔敖纪念馆，并于 2008 年免费开放。2008 年，安丰塘水库长春岛兴建，2009 年 3 月完工。该岛面积为 300 余亩，与原塘中岛——长寿岛形成"姊妹岛"格局，使安丰塘又添一景。2012 年 10 月 11 日，"天下第一塘"紫金石新景点落成典礼在安丰塘风景区举行。2013 年 11 月，安丰塘通过省级水利风景区评审，评审组认为安丰塘水利风景区自然资源丰富，管理机构健全，基础设施完善，历史人文厚重，建设成绩喜人，尤其是景区通过水库除险加固和更新改造，坚持"以人为本"的建设理念，与发展旅游业、保护文物相结合，融水、亭、廊、古迹等元素于一体。景区清新雅致，古典浪漫，各项指标都符合省级水利风景区的创建标准。自此，芍陂水利文化传承及水利旅游开发利用进入快车道，"天下第一塘"的知名度和经济社会效益进一步提升。安丰塘省级水利风景区的确定及授牌，对弘扬水文化，提升景区的知名度和影响力，起到了极大的推进作用。

与此同时，芍陂水利工程积极争取入选国字号遗产项目。2015 年 10 月 13 日，在法国蒙彼利埃召开的第 66 届国际执行理事会全体会议上，芍陂（安丰塘）被正式列入世界灌溉工程遗产名录。11 月 17 日，第三批中国重要农业文化遗产发布活动在江苏省泰兴市举行，寿县芍陂（安丰塘）及灌区农业系统被授予"中国重要农业文化遗产"称号。这两项重量级遗产称号的获得是芍陂水利发展史上浓墨重彩的一笔，充分肯定了芍陂水利在世界灌溉工程史上和中国农业文化史上的重要地位，它是淮南人民长期用水、亲水、护水的实践结晶，是天人合一的陂塘典范，堪称"天下第一塘"。2016 年开始，为配合芍陂申遗工作，寿县县政府斥资 50 万元，在安丰塘北堤下面的戈店村农田，利用不同颜色的水稻品种，制作出寿县古城门、著名书法家王家琰书写的"天下第一塘"、荷花、安丰塘凉亭等栩栩如生的稻田画，同时建造了古色古香的三层塔楼式红木观景亭，为古塘芍陂又添新景观。

3.在芍陂水利史暨文化遗产研究方面

进入 21 世纪以来，人们对芍陂水利的研究进入新阶段。近二十年来，有关芍陂的研究逐步深入。许多学者利用新材料、新视野、新手段对芍陂水利展开研究。在芍陂得名与创建问题、芍陂水源问题、芍陂水利管理问题、芍陂水利秩序、近现代芍陂水利变迁、芍陂工程的当代技术解决、芍陂水利的工程价值、芍陂水利的历史地位、芍陂水利文化遗产保护等问题上取得了较为丰硕的成果。先后出版了《芍陂诗文》（2012 年）、《天下第一塘——安丰塘》（2015 年）、《〈芍陂纪事〉校注暨芍陂史料汇编》（2016 年）、《安徽寿县芍陂（安丰塘）及灌区农业系统》（2017 年）等书籍。这些著作的出版一方面为芍陂水利研究提供了基础文献，另一方面丰富了芍陂水利研究的内容与范围，是新世纪芍陂水利研究的新进展。

与此同时，从 2012 年开始，安徽省水利厅、淮南师范学院和寿县人民政府积极推动芍陂水利文化研讨会的召开。为此，三方多次协商，并开始征集论文，为会议召开做了大量工作。在此期间，寿县政府为芍陂申报文化遗产多次召开协调会，邀请中国文物学会、中国水科院等相关单位参与申报筹备工作。2014 年 3 月 27 日，由中国文物学会世界遗产研究委员会组织的"安徽省寿县明清城墙暨安丰塘遗产

◎ 2016年12月芍陂历史文化研讨会在寿县召开（摄影：李松）

保护研讨会"在寿县召开。此次会议之后结集的论文集，主体是关于寿县古城墙的，涉及芍陂水利的论文很少。

2016年12月2日，由淮南师范学院和寿县人民政府共同主办的"芍陂（安丰塘）历史文化研讨会"在寿县召开。研讨会以"芍陂（安丰塘）：历史与未来"为主题，旨在保护和发掘芍陂文化遗产，弘扬古水利文化。会议规格高，阵容强大，农业部国际合作司、安徽省水利厅、安徽省农委、安徽省旅游局及淮南市委宣传部、文广新局、旅游局、水利局、农委等单位的代表参加了会议，参会人员达50多人，来自上海交通大学、华南师范大学、安徽大学、安徽师范大学、中国水利科学院水利史研究所、淮南师范学院、淮北师范大学、皖西学院、蚌埠学院、池州学院的专家学者共提交论文20余篇。研讨会上举行了《〈芍陂纪事〉校注暨芍陂史料汇编》首发仪式，专家学者们从水利、历史、文化等角度，对芍陂古水利工程的历史演变与文化遗产等问题进行了学术研讨，交流了芍陂学术研究的新成果、新进展，为促进芍陂水利工程的研究、保护、开发和综合利用提出了建议。与会期间，专家学者们还前往安丰塘进行了实地参观考察。

这次会议，是芍陂发展历史上第二次真正意义上的专题研讨芍陂水利的学术会议。[①] 与会人员围绕历史视野下的芍陂、文学艺术视野下的芍陂、旅游文化视野下的芍陂三个课题展开了主题发言和交流发言。会议就进一步推进芍陂研究的历史文化深度、进一步推进芍陂研究与芍陂宣传的紧密结合、进一步推进芍陂研究与地方经济社会发展的紧密结合达成了共识，是 21 世纪以来芍陂水利发展史上的一次盛会。

---

① 第一次芍陂水利学术研讨会于 1986 年在寿县召开，由中国水利史研究会主办，参见前文。

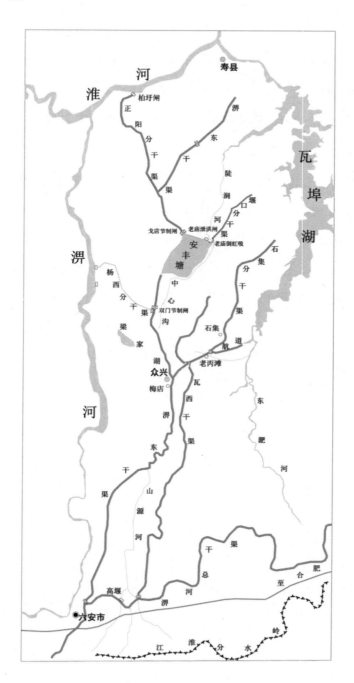

◎　淠史杭工程中的安丰塘水源现状及水系示意图

第二篇
古陂文化寻踪：芍陂水文化探秘

一、《芍陂纪事》：追功述远著千秋

芍陂水利工程创建之早、延续之久、建造之科学、灌溉之广阔，向来为后世称道。作为中国最古老的水利灌溉工程，史不绝书。关于芍陂的最早记载，见于《汉书·地理志》，千载而下，有关芍陂的记述散见于正史、编年史、类书、历史地理著作、地方志、文集、诗词、碑刻中。而系统记载芍陂的专书有两部：一为清康熙年间颜伯珣的《安丰塘志》；一为嘉庆年间夏尚忠的《芍陂纪事》。前者"只叙其七载之经营与一时之述作，而外此无征焉"，

并且已佚，难究其详。现存对芍陂论述最详者当数嘉庆年间寿州人夏尚忠。他通过对历代史籍的翻检考核，并结合自己的实际观察与思考，撰写了《芍陂纪事》一书。该书较全面地梳理了历朝关于芍陂的历史记载，并按照水源、闸坝、沟洫、名宦等 21 个门类，最大限度地保留了有关芍陂的历史资料，是研究芍陂的重要历史文献，其学术价值和文献价值不言而喻。

该书编者"容川居士"夏尚忠，出于对芍陂的热爱，不畏烦琐，翻检史籍，从《左传》《荀子》《史记》《后汉书》《三国志》《魏书》《晋书》《宋书》《隋书》《旧唐书》《通典》《资治通鉴》《宋史》《文献通考》《太平寰宇记》《元史》《明史》《读史方舆纪要》《寿州志（嘉靖）》《寿州志（乾隆）》等浩如烟海的古籍中，搜集了许多关于芍陂创始、发展、演变的历史资料，分类纂成《芍陂纪事》。他在开篇中明确叙述了编撰此书的目的

夏尚忠

号容川居士，嘉庆年间安徽寿州人。任兰生在《芍陂纪事·序》中，称夏尚忠是"邑之耆旧"，生卒时间不详。

夏尚忠在《芍陂纪事》自序中说，安丰塘创自楚相孙叔敖，两千余年来极少有专记。康熙年间颜伯珣编纂的《安丰塘志》，"只叙其七载之经营与一时之述作"。为给后人提供借鉴，使安丰塘长久地造福于人民，夏尚忠以《寿州志》为基础，参照历史文献，"家藏遗文，父老睹记，辨其世次，别类分门"，编纂成《芍陂纪事》。

《芍陂纪事》以事实为依据总结了安丰塘管理工作的丰富经验，展示了各个历史时期安丰塘的兴衰和变迁的过程，其所发议论，颇有见地。是现存记述安丰塘较全面、系统的历史专著，为当代水利建设和管理提供了借鉴，也为研究安丰塘以及中国水利史，提供了珍贵的历史资料。清代桑日青在《读夏容川芍陂纪事书后》中写道："珥笔居然使史佁，千年废坠一朝修。家声直欲绵骢马，著述居然继夏侯。博采风谣追大雅，敷陈要害寓良谋。芍陂记载悲零落，珍重新篇不易求。"对夏尚忠《芍陂纪事》一书给予了高度肯定。

是把芍陂自"秦汉以后，元明以前，其间源流之通塞，埂堤之成败，门闸之因革，各朝之政事"详细记述，"以为稽古之据"。

可以说，他基本上完成了这一目标。因为《芍陂纪事》是当时唯一一部记载芍陂水利历史变迁的专门文献。书中史料的详备程度和系统性是空前的，在很大程度上是对千年古塘的一次志书性总结，是人们研究、探索芍陂水利工程的必备参考。

在夏尚忠以前，虽有郦道元《水经注》《寿州志（嘉靖）》《寿州志（顺治）》《寿州志（乾隆）》、顾祖禹《读史方舆纪要》等对芍陂作了一定程度的叙述，但都过于简略。康熙时颜伯珣所著《安丰塘志》，则又仅仅叙述了当时七年间的芍陂修治活动与"一时之述作"。相比之下，还是《芍陂纪事》记载最为翔实，有很高的参考价值。

夏尚忠的《芍陂纪事》成书于嘉庆六年（1801年）。细考其自序，不难看出作为一名寿县乡贤，其对家乡水利是十分关注的。他有感于2000多年来有关芍陂的记述"罕有存者"，便有志于为执政者和乡民留下一部水利专书。于是，他秉烛夜书，"批阅州志，旁证诸书"，对可信之事采之，对可疑之事察之，对未完备之事则补充之，先后几易其稿，终成此书。夏尚忠为《芍陂纪事》倾注了大量心血，其所记述之详细，超越前人。其所编撰体例之科学，堪称典范。其关于芍陂所发之议论，更是切中利弊，振聋发聩。

可惜的是，《芍陂纪事》成书后，并未印刷，也未广为流传。它似乎在等待一位热爱芍陂的人将其发扬光大。

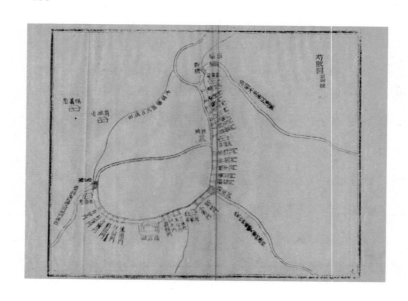

◎ 光绪版《芍陂纪事》中的芍陂图，国家图书馆馆藏

时间到了光绪三年（1877 年），吴江人任兰生以凤颍六泗兵备道、布政使衔驻节寿州。他感念地方凋敝，便筹款修桥铺路，课桑育婴，更着力兴治芍陂。在修治芍陂时，地方士绅将《芍陂纪事》呈献。任兰生阅后认为该书"先得我心，而又惜夏君之有志于是而未之逮也"。"就其稿略加删节，并增入现在兴修事宜"，"俾环陂而居者家置一编，永远遵守"。当时印制，计板五十五块，由环塘董事领储孙公祠。至此，《芍陂纪事》才得以印刷流传。此便是光绪本《芍陂纪事》的由来。由于经过任兰生的删节，《芍陂纪事》部分内容已不可考。但任兰生在删节的同时，增入了当时修治芍陂的资料，尤其是《新议条约》等内容，使《芍陂纪事》的史料价值变得更加厚重。

1975 年，安丰塘历史问题研究小组和寿县博物馆曾联合组织翻印了《芍陂纪事》这部书。这次翻印采用石印方法，由于当时校订工

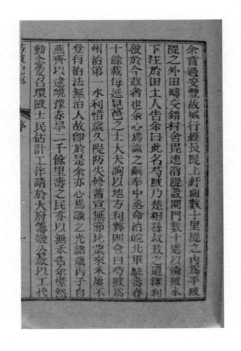

◎ 1975 年安丰塘历史问题研究小组石印本《芍陂纪事》

作不够严谨，加之印刷不佳，有字迹不清之憾，又间有错讹之处，整体较为粗糙，不及光绪本原书质量。

　　光绪本《芍陂纪事》在流传的过程中没有得到应有的重视，故日渐散佚。据 1975 年石印本翻印说明所述，当时尚存两部光绪本《芍陂纪事》，其中一部藏于寿县档案馆，另一部存于安丰塘灌溉工程管理处。且这两部书中皆缺《各门姓氏纪》与《沟洫图》，仅存目录而已。但据笔者调查，目前寿县地区所藏两部均已散佚。但所幸国家图书馆、上海图书馆和南京图书馆三家藏有光绪本《芍陂纪事》。经笔者认真比较核对，三座图书馆所藏版本一致。其内容、纸张、形制、大小和刻本均为同一版本。

　　虽然在长期的流传过程中，光绪本《芍陂纪事》的完整性稍有减损，但该书主要内容没有受到影响，尤其书中关于芍陂治理的议论和相关资料的辑录，对研究芍陂水利史乃至中国水利史都具有重要的文献价值。

《芍陂纪事》的诞生既是夏尚忠对芍陂水利孜孜以求的结果，也犹如水到渠成一般蕴含着历史发展的必然。它是千百年来淮南人民长期治水实践的产物，是古代劳动人民使水、用水、亲水的智慧结晶。

《芍陂纪事》一书，分门别类，从纵向和横向两个层面，全面记述了芍陂水利的面貌。

1. 对芍陂历史变迁的记载

夏尚忠在《芍陂纪事》开篇的芍陂论一、芍陂论二中，便详细梳理了历代芍陂的变迁情况。他明确指出芍陂创自孙叔敖，并详细叙述了从东汉以后至清代中期历代官府维修、治理和使用芍陂的重要事件，使观者对芍陂水利发展有一个直观的历史演变印象。其所记述皆有所本，符合史实，叙述生动，言简意赅。

2. 对芍陂水源、闸坝、水门等的考证和研究

《芍陂纪事》详细记述了芍陂的两大水源来自六安龙穴山一带的山水和淠水（即今淠河），并对芍陂上流、中流、末流的水流经过之地进行了细致的描述，相较于地方志和其他史书对芍陂水源的记载，夏尚忠的记载更为详细和周密，基本再现了当时芍陂水源体系的完整状况，是考察当时芍陂水源流向的珍贵资料。至于闸坝，夏尚忠在书中记述了滚坝兴建的原因及经过，凤凰闸、皂口闸、文运闸、龙王庙闸所在之方位以及四闸历史之沿革，是了解芍陂水利泄水情况的重要资料。对于水门的记载，夏尚忠参考地方州志，叙述了水门的历史沿

革，还对清代所存 28 门进行了详细的梳理与考证，记述了每门所在的地理方位和灌溉水流经过地方的里程与位置。这些记载显然是夏尚忠结合文献与实地勘察所做的考证，这为我们考察历史时期芍陂水门设置情况以及水流灌溉经过情况留下了宝贵资料，是研究芍陂灌溉区域的重要基础文献。

3. 对芍陂功臣事迹的记载

所谓芍陂功臣，即历史上曾经对芍陂水利做出过重要贡献的人。《芍陂纪事》专列《惠政》《三公列传》《名宦》三部分，分别记录历史上有功于芍陂者及他们的治水业绩。书中这样写道："寿春循吏代不乏人，已入郡志。其中有能兴水利修芍陂者，陂之人不能忘，孙公水利之祖，不可尚已。黄公、颜公兴复功最大，另为传记。其他秦汉以后以及我朝有功斯陂者，凡若干人，今悉采之，为之次其世而著其绩。於以知古今名贤，子爱斯民之泽，且以见环陂士庶崇德报功之心也。"

在书中，夏尚忠对他们参与治理修复芍陂的事迹进行了较为细致的描述。从春秋时期的孙叔敖开始，东汉之王景、刘馥、邓艾，西晋之刘颂，南朝之刘义欣、垣崇祖，隋朝之赵轨，宋朝之李若谷、崔立、刘瑾，明朝之邝埜、黄克缵、魏璋、陈镒、戈都、张蕭、李昂、栗永禄等，清朝之颜伯珣、李大升、傅君锡、金宏勋、王天倪、郑基等官员的治水事迹均榜上有名。

除此以外，《芍陂纪事》还著录了有功于芍陂的环塘百姓中的重要人物。夏尚忠认为："陂之兴废，固由官长主之。生斯土者，亦与有责。"因此，他着意留心地方百姓有功于芍陂水利者，广泛搜罗遗文，唯举有功。在《兴治塘工乡先辈姓氏纪》中，记录了明清两代 51 人的姓名，以示表彰。凡此种种，表明夏尚忠对于芍陂水利是极其热爱关切的，但凡与之相关的人物、事件，无不麇集。

《芍陂纪事》为治水功臣树碑立传，纪念和表彰他们的功德，宣扬他们的英雄事迹，其主旨在于教育社会民众，鼓舞后人承继前贤，以继续壮大和发展芍陂水利。

4. 对芍陂水利信仰的记载

《芍陂纪事》一书不仅记录了大量有关芍陂的人物和事迹，还特别记录了有关水利祭祀的内容，十分珍贵。在其中的《祠祀》部分，记载了芍陂祭祀的主神和副神、孙公祠的演变历程及其规模、祠祀制度、春秋祭仪注、祭祀各殿陈设图、三篇祭文以及祭田来历和分布情况。这些内容，一方面还原了孙公祠的变迁情况，另一方面反映了明清两代祭祀孙叔敖的盛况。由于"孙公制陂，功高社稷，利济生民。千秋永赖，万古烝尝。"因此，孙叔敖成为当地民众信奉的"主神"，是祭祀的主要对象。根据记载，芍陂水利祭祀一般在春秋二季举行，祭祀活动由地方长官领衔主导。这种祭祀活动是环塘民众水利信仰的生动体现，是对两千年来孙叔敖创建芍陂水利的感恩与怀念，是中国传统农业社会慎终追远在水利上的一种表现。

5. 对芍陂历史遗迹的记录

芍陂并非一个单纯的水利陂塘。历史的变迁已在其周边留下了许多前人活动的印迹。这些印迹体现为古迹、碑刻、建筑物等。夏尚忠认为"陂之间亭台庙院，代亦间有"，应及时将其记录在案，否则不为后人所知。即便有些早已不存，但亦可让后人知其大概。所以，他在书中记录了安丰旧县、大香河、文运河、白芍亭、丰庆亭、环漪亭、江北水利第一坊、英王墓、邓公庙、舒公祠、安丰书院等历史遗迹的情况，较为全面地反映了芍陂历史文明积累的面貌。

6. 对芍陂水利文献的记录

《芍陂纪事》的另一大功绩是保存了大量原始水利文献。在《碑记》《文牍》《新议条约》等部分，保存了芍陂的许多碑刻及相关水利文献，是今人研究芍陂的珍贵资料。这其中，碑记有8篇，康熙年间《请止开垦公呈》1篇，光绪年间《新议条约》1篇。这些文献涉及官员治理芍陂的事迹、修筑孙公祠的过程、民间反对开垦的公呈以及环塘民众达成的用水协议等，是研究芍陂水利的第一手资料。例如，《新议条约》和《各门额夫数目》两种资料，前者是芍陂水利规约性的内容，后者是该水利工程各个引水口的劳动力编制记录。这两种资料在书中的占有量虽然不算大，却是十分罕见的，在其他文献中难以找到，是非常珍贵的历史记录。

7. 对芍陂存在问题的分析

芍陂水利历千年而不毁，既有历代王朝政府重视的原因，也离不开环塘民众的努力维护。当然，生活在晚清时期的夏尚忠，在每况愈下的时代，对芍陂所处的困境与面临的问题是十分焦心的。他通过文献整理和长期实地的观察，不断探索，总结出了芍陂水利存在的主要问题。其在《容川赘言》中明确指出安丰塘有"河源阻坝、河身叠坝、盗掘塘埂、暴涨自决、拦门张罛、拦沟筑坝"等"六害"，同时治理芍陂又面临"三难"："任劳""任怨"和"理财"。在芍陂管理方面又存在"卖放人夫""包折门头"的"二弊"现象。这些问题是夏尚忠对芍陂水利进行长期观察而总结出来的经验之谈，具有很强的指导意义，也是夏尚忠撰写《芍陂纪事》的心血结晶。

8.对芍陂治理的建议

夏尚忠在《芍陂纪事》中,不仅提出了芍陂水利面临的一系列问题,还有针对性地提出了治理思路和方法。他认为要解决芍陂的诸多问题,需要从五个方面入手:一是钦崇祀典,以报本源;二是广积土壤,以待培补;三是预蓄木料,以防冲决;四是酌留余财,以备缓急;五是遴选董事,以专责成。可谓句句珠玑,切中肯綮。同时,他主张在"严禁使土(杜绝民间任何人取用塘堤之土)、勒垫牛路(凡放牛下塘必由塘埂上下践履,易致坍塌,须时时予以垫培加固)、清理开垦(不准私自占用、开垦塘面进行播种)和谨守水门(杜绝取土坏埂、砍伐堤岸之柳、挖掘门闸、弃水捕鱼等行为)"① 四个方面进行有效管理,可保芍陂水利无虞。这种认识符合芍陂水利的实际,只有不断强化管理,整饬用水秩序,才能稳定和发展芍陂水利。这给治理芍陂者提供了一种思路和方法,对维护芍陂水利意义重大。

《芍陂纪事》一书不仅记载了芍陂工程遗址的详细情况,还曾精心绘制了《芍陂图》《芍陂来源图》和《沟洫图》。虽然《沟洫图》现已遗佚,但前两幅图完整地保存下来,两幅地图标识详细、描图精确,有一定的科学水平。这两幅图可与乾隆《寿州志》、道光《寿州志》、光绪《寿州志》中的芍陂地图以及道光年间的《安丰塘三支来源图》相互印证,以考察芍陂水利在清代的演变情况,是当今研究芍陂地图的宝贵资料。

---

① 李松、陶立明:《〈芍陂纪事〉校注暨芍陂史料汇编》,合肥:中国科学技术大学出版社,2016 年,第 197—201 页。

◎　李松、陶立明辑校《〈芍陂纪事〉校注暨芍陂史料汇编》
2016 年中国科学技术大学出版社出版

　　作为一部区域性的水利工程史专著，《芍陂纪事》不仅在历史资料收录方面较为详细完整，在编撰体例上也是分类科学的。其有关芍陂的一系列叙事观点非常明确，水利思想较为突出，其中关于芍陂水利工程的一系列分析和建议，具有很强的针对性，是从芍陂水利活动的历史经验中总结出来的，具有深刻的实践意义，这也是清人夏尚忠《芍陂纪事》最为独到之处。

二、芍陂碑刻：往事如烟铭山石

　　芍陂作为我国古代四大水利工程之首，不仅规模大，而且引、蓄、灌、排有机结合，形成了完整的工程体系。它以一塘之水默默滋润着江淮千年历史，不仅带来了可观的经济效益和社会效益，还衍生出了蔚为壮观的芍陂水利文化。

◎ 清乾隆年间梁巘所书《重修安丰塘碑》拓片

芍陂的水利碑刻、吟咏诗词、文物古迹和文献记载，既是研究芍陂工程的珍贵资料，也是中国水利文化的重要组成部分。

如前所述，历代对芍陂的记载除了各类史籍——这种纸质载体外，还有一种重要的载体，那就是碑刻。目前所知有关芍陂的最早碑刻应是东汉建初八年（83 年）庐江太守王景所立。当时，他闻听"郡界有楚相孙叔敖所起芍陂稻田"，亲率吏民对芍陂进行了修治，并推广犁耕，"由是垦辟倍多，境内丰给"。为了巩固修治成果，他还"铭石刻誓，令民知常禁"。这次修治，是芍陂创建以来见诸文字记载的首次大修，也是第一次使用刻碑的方式维护芍陂水利工程。虽然王景所刻碑文已不

梁巘

字闻山，清代安徽亳州人。乾隆时著名书法家。乾隆二十七年（1762 年）中举，被任为四川巴东县知县。晚年辞官，主讲寿州循理书院。梁巘与当时另一书法家梁同书并称于世，被誉为"南北二梁"。他在寿春时曾亲笔撰写《重修安丰塘碑》，现存孙公祠内。

可考，然其"铭名刻誓"的举动为后世所承袭。

魏晋以后至宋元，芍陂虽屡有修治，但未见有撰文立碑的记载。现存最早的碑记，是明成化十九年（1483 年）金铣撰写的《明按院魏公重修芍陂塘记》。此后至清末，遗存下来的碑文日渐增多。

悠悠岁月，让多少往事都付笑谈中。唯有那些铭刻于石的往事才能焕发出持久的生命力。

芍陂水利碑刻便是展示这种生命力的最佳载体！

那么，这些水利碑刻究竟有多少？记载了哪些往事？它又有什么当代价值呢？

这首先要从芍陂的数量和刻碑原因说起。

对于芍陂水利碑刻的数量，此前学者说法不一。有人认为是 17 方，也有人认为是 20 余方。据《安丰塘志》记载，有 18 方碑刻。其中 17 方是明清时期修治芍陂时留存下来的，有 1 方是 20 世纪 80 年代镌刻的。[①] 据笔者调查统计，明清留存的碑刻应为 20 方（详见表8）。在这 20 方碑刻中，有 5 方是明代留存下来的，它们分别是《明按院魏公重修芍陂塘记》（成化十九年）、《本州邑侯栗公重修芍陂记》（嘉靖二十七年）、《楚相孙公像传》（万历三年）、《按院舒公祠记》（万历四年）、《本州邑侯黄公重修芍陂界石记》（万历十年）。

清代留存的碑刻共计 15 方。分别是《国朝本州邑侯李公重修芍陂记》（顺治十年）、《颜公伯珣自作碑记》（康熙四十年）、《颜公重修芍陂碑记》（康熙四十二年）、《安丰塘孙公祭田记》（乾隆八年）、《本州邑侯郑公重修芍陂闸坝记》（乾隆三十七年）、《本州候选漕标守府

---

① 安徽省水利志编纂委员会：《安丰塘志》，合肥：黄山书社，1995 年，第 84 页。

聂公重修孙公祠记》（乾隆三十四年）、《聂氏重修孙公祠记》（道光二年）、《安丰塘来源三支全图并记》（道光八年）、《孙公祠新入祀田碑记》（道光八年）、《重修安丰塘碑记》（道光八年）、《禁开垦芍陂碑记》（道光十八年）、《重修安丰塘滚坝记》（同治五年）、《施公重修安丰塘滚坝记》（同治五年）、《分州宗示》（未标示具体时间）、《寿州第一水利》（光绪十五年）。

20 世纪 80 年代，寿县人民政府再次镌碑立传。先后制作了《安丰塘记》碑和"芍陂"碑两方碑刻，均由书法大师司徒越先生撰文并书写。两方碑刻均不在孙公祠内。《芍陂》碑立于安丰塘东北角。《安丰塘记》碑位于塘北堤"天下第一塘"碑亭中，该碑为双面刻，一面为碑文，记述芍陂变迁历程，一面为芍陂示意图。

综上所言，目前芍陂所存古代碑刻 20 方，现代碑刻 2 方，总计 22 方碑刻。

◎ 表 8 芍陂水利碑刻情况表

序号	碑刻名称	作者	年代
1	《明按院魏公重修芍陂塘记》	金铣	明成化十九年（1483 年）
2	《本州邑侯栗公重修芍陂记》	黄廷用	明嘉靖二十七年（1548 年）
3	《楚相孙公像传》		明万历三年（1575 年）
4	《按院舒公祠记》	梁子琦	明万历四年（1576 年）
5	《本州邑侯黄公重修芍陂界石记》	黄克缵	明万历十年（1582 年）
6	《国朝本州邑侯李公重修芍陂记》	李大升	清顺治十年（1653 年）
7	《颜公伯珣自作碑记》	颜伯珣	清康熙四十年（1701 年）
8	《颜公重修芍陂碑记》	张逵	清康熙四十二年（1703 年）
9	《安丰塘孙公祭田记》	沈湄沐	清乾隆八年（1743 年）

序号	碑刻名称	作者	年代
10	《本州候选漕标守府聂公重修孙公祠记》	吴希才　胡珊	清乾隆三十四年（1769 年）
11	《本州邑侯郑公重修芍陂闸坝记》	郑基	清乾隆三十七年（1772 年）
12	《聂氏重修孙公祠记》	丁殿甲	清道光二年（1822 年）
13	《孙公祠新入祀田碑记》	朱士达	清道光八年（1828 年）
14	《重修安丰塘碑记》	朱士达	清道光八年（1828 年）
15	《安丰塘来源三支全图并记》	江善长	清道光八年（1828 年）
16	《禁开垦芍陂碑记》	许道筠　曾怡志	清道光十八年（1838 年）
17	《重修安丰塘滚坝记》	洗斌	清同治五年（1866 年）
18	《施公重修安丰塘滚坝记》	环塘士民	清同治五年（1866 年）
19	《分州宗示》		
20	《寿州第一水利》	宗能徵	清光绪十五年（1889 年）
21	《安丰塘记》	司徒越（孙剑鸣）	1984 年 5 月
22	《芍陂》	司徒越（孙剑鸣）	1986 年 5 月

在漫长的历史演变中，芍陂水利不断得到人们的维护治理。尤其是明清时期，随着治理频率的提高，围绕这一工程的碑刻数量呈现日益增长的趋势。

明清时代，为什么在维护治理芍陂时要刻碑？这是一个值得深思的问题。

通过对芍陂水利碑刻的研读不难发现，许多碑刻的内容都述及楚相孙叔敖修建芍陂的功德，以及后世人们修整芍陂的贡献，突出了当时统治阶层对农田水利这些民生工程的重视。芍陂的反复修治，在某种程度上，是维护地方公共利益的一种需要，也是民心所向的一种功德，而刻碑立传则无疑是呈现这种需要和功德的最好方式。

因此，可以想见，在传统农业时代，地方社会在治理芍陂时要铭石刻誓，首先是为了更好地立德树人，维持地方社会的稳定。明清两代，地方官主政寿州时，往往视修治芍陂水利工程、解决民生之需为重要任务。农民得水之利，便容易丰产丰收，自然会对地方官的恩德感念于心。地方官府借机刻碑立传，既能立德树人，传播美名，也能教化后人，以进一步维护芍陂水利，泽惠百姓。这对地方农业生产和社会发展也起到了积极的促进作用。

其次，水利刻碑的形成是凝聚共识，形成水利共同体的需要。纵览芍陂碑刻，其内容不仅是歌颂统治阶级修建芍陂的功德，也记述了这一水利工程的空间地域范围，让人们无形中有一个区域共同体的概念。人们在这一区域内，因水结缘，有共同的利益需求，有共同的地域生活，有共同的文化习俗，有共同的方言系统，进而形成以芍陂为核心的水利共同体，而碑刻便成为维系这种共同体的重要载体。

最后，刻碑还有一个重要原因是为了警示后人。在部分芍陂水利碑刻中常有"禁""限"这样的字词出现，就是为了告诉人们什么事是不可以做的，比如说占塘围田等。这种规约性质的示禁碑刻会无形中让环塘民众在心理上产生一种畏惧，不敢肆无忌惮地阻源占垦，破坏芍陂水利工程。这对芍陂水利的保护具有重要意义。

作为维护芍陂水利工程的重要形式，芍陂水利碑刻有其自身的特点。

首先是数量较多，形制多样。芍陂水利碑刻数量众多，形制也各有不同。从时间维度来看，跨越600余年的历史。从形制上看，各碑尺寸大小不一，既有单纯的文字碑，也有图文并茂的图文碑。从字体上看，既有庄重典雅的楷书碑文，也有潇洒飘逸的行书碑文。

◎ 《楚相孙公像传》碑拓片

　　其次是碑刻年代以明清时期为主。就留存下来的碑刻而言，以明清两代为主，其中清代水利碑刻又占据大多数，这一方面反映了清代对芍陂水利的重视，另一方面也反映出芍陂水利在清代维护治理的频率远超前代。

　　再次是碑刻内容丰富，涉及面广。从碑刻内容上来看，芍陂水利碑刻内容丰富。既有人物事迹记载，如孙叔敖传；亦有芍陂工程地图，如道光八年（1828 年）的《安丰塘来源三支全图》；更有以《分州宗示》为代表的水利规约性质的示禁碑。

那么，芍陂水利碑刻究竟包含哪些内容呢？具体来说，主要有五个方面：

1. 叙述芍陂工程历史之沿革

细览这些水利碑刻，不难发现大多数碑刻是从芍陂起源开始讲起，再逐步叙述芍陂的历史沿革。例如在《明按院魏公重修芍陂塘记》这方碑刻中，开篇就写到"芍陂，春秋时楚相孙叔敖之所作也，在寿县境南，以水迳白芍亭积而为湖，故谓之芍陂。旧属期思县，又谓之期思陂。后为安丰废县，故地志又谓之安丰塘也"，介绍了芍陂的创建以及芍陂名字的由来。在后面又写到"汉王景、刘馥、邓艾，晋刘颂，齐垣崇祖，宋刘义欣，我朝邝埜，皆常修筑第"，是对历代维护修治芍陂情况的展开。《按院舒公祠记》中这样介绍芍陂："安丰旧墟有芍陂，创自楚相孙叔敖，南接六安朱灰革，东收决断岗皂口诸水而西障之。"同样是对芍陂的创建者以及大概的地理位置进行叙述。紧接着介绍了邓艾修治芍陂的过程。最后才详细叙述万历三年到四年修治芍陂的过程。

类此者还有《颜公伯珣自作碑记》，其碑文曰："孙叔敖治大小陂三，安丰为最巨。自秦汉迄今二千余年，代有废兴。至明成祖永乐间，寿民毕兴祖上书请修复，上命户部尚书邝埜驻寿春，发徒二万人治之。成化间，巡按御史魏璋大发官钱，嗣其余烈。嘉靖间，巡按御史路可由、颖州兵备副使许天伦、州守栗永禄兴复之。万历间，兵备

◎　施照《重修安丰塘滚坝记》碑拓片

　　贾之凤、州守阎同宾、州丞朱东彦又复之。国朝顺治十二年，州守李大升又继修焉。"将芍陂自创建以来到顺治十二年（1655 年）的历代修治情况一一展现。

　　再如《施公重修安丰塘滚坝记》中开篇说到"寿南有巨渠焉，曰安丰塘。春秋时，楚令尹孙叔敖所创建也。历经汉唐宋元明以及我朝，代有废兴，虽规模失旧，而膏泽常新，附塘居民享其水利数千年于兹矣"。之后记述"于众兴集南建滚水石坝，所以泄涌流，亦以障平水也"，"此坝议建雍正八年，因捐资不敷，延至乾隆二年，请帑助修而坝始成"，介绍了清代统治者修治滚水石坝的过程。

这些碑刻一方面追述前朝芍陂水利变迁过程，另一方面增入时人修治内容，迭次推进，全面反映了芍陂历史变迁的轨迹。

2.叙述时人修治之功德

应该说，勒石刻字、立碑树传不仅在于追远，更在于记述当时人们修治芍陂的功德，所以在芍陂水利碑刻中，这部分内容占据了重要地位。

《明按院魏公重修芍陂塘记》中对魏璋与张鼎修复芍陂的过程有详细记载，并称赞二人复塘之功"不减于叔敖"。"非魏公不足以兴其废，非张公不足以成其美，奚可以不书？"极力夸赞魏璋和张鼎的功德并刻碑留念，让后人谨记他们的贡献。

《本州邑侯栗公重修芍陂记》中记载了路可由、许天伦、李愈、栗永禄修治芍陂后，当地居民对他们的感激之情。碑文认为芍陂修复后为环塘居民的农业生产提供了极大便利，使他们不必再忍受干旱与洪涝之苦。因此碑文中明确指出："戊申夏，工殚告成，泽卤之地自兹无歉岁，寿之人不有河洛之思矣乎？"

同样《按院舒公祠记》碑中记载了郑公与舒公二人修塘的贡献以及当地居民对他们的赞美和感激："于是渠水复通，颂声大作，谋祠侍御公，且以州守配。"

《国朝本州邑侯李公重修芍陂记》中不仅提到了李大升修建芍陂的功劳，更提到了兵宪沈公的功劳，李大升认为若不是沈公一力保住自己，他是没有机会修治芍陂的。因此，碑文中对其推重备至。

碑刻内容虽然大部分都是在称颂地方官的治水功德，但也有对普通胥吏乃至百姓的歌颂。例如《颜公伯珣自作碑记》中记载"沈生近陂而寡产，倡义而不私其亲，是能志仲淹之志者"，记述了沈捷在修治芍陂过程中"倡义而不私其亲"的功劳。

《本州邑侯郑公重修芍陂闸坝记》中更是罗列了一份长长的治水参与者名单。"董其役者，州同知赵君隆宗，正阳司巡检江君敦伦；矜士则李绍佺、周官、沈裴似、陈宏猷、李猷、程道乾、李吉、梁颖、戴希尹、邹谦、陈倬、张锦；义民则金向、余加勉、潘林九、桑鸿渐、李贵可、余金相；塘长则刘汉衣、张谦、江厚、江天绪、江必，咸有成劳。"其中有 12 位矜士，6 位义民，5 位塘长，这些基层士民是维护芍陂水利的中坚力量，不应被历史遗忘。因而记录在碑文中，以褒赞他们修治芍陂的功劳。

3. 记述芍陂之基本面貌，涉及面积、水源、闸门

芍陂延续千年，其面貌多有变化。除却历代史籍和地方志中有部分记载外，碑刻成为记述其面貌情况的重要载体。

明代的四方碑刻均记载了当时芍陂的基本面貌。在《明按院魏公重修芍陂塘记》中这样描述芍陂："首受淠水，西自六安驮虞石，东南自龙池山，东自豪州，其水胥注于陂。旧有五门，隋赵轨更开三十六门。今则有减水闸四座，三十六门尚存。轮广一百里，溉田四万余亩，岁以丰稔，民用富饶。"详细记述了芍陂水源、水门情况、面积大小和灌溉情况。

《本州邑侯栗公重修芍陂记》碑中写道，"尝于寿州南引六安流潨泚淠三水，潴之以塘，环抱一百余里，可溉田万余顷，居民赖之"，介绍了芍陂的水源、周长和灌溉面积。并明确提到"构官宇一所，杀水闸四，疏水门三十六，溉水桥一"。进一步记述了芍陂周边的建筑

和闸门数量等情况。

《本州邑侯黄公重修芍陂界石记》碑写道："上引六安孙家湾及朱灰革二水入塘，灌田万顷，其界起贤姑墩，西历长埂，转而北至孙公祠，又折而东至黄城寺，南合于墩，围凡一百里，为门三十有六，乃水利之最巨者。"记述了芍陂上游来水经过的详细线路、面积以及闸门情况，对芍陂水源基本情况做了进一步描述。

可见，明代的碑刻在芍陂基本面貌方面，做了较为详细的描写，是研究当时芍陂水利的重要基础文献。

同样，清代的十余方碑刻对芍陂基本面貌也多有描述：

《国朝本州邑侯李公重修芍陂记》碑中提道："此塘周围一百里，受洙淠漞三水，蓄洪以时，灌田万顷。"《颜公重修芍陂碑记》中写道："本五门，后更开三十六门，后更设减水闸，以备蓄洪。轮广三百余里，支流派注溉田五千余顷，盖寿之水利也。"《本州邑侯郑公重修芍陂闸坝记》中开篇说道："楚令尹孙叔敖，引六龙谿淠漞之水，汇于寿春之南芍陂，入汉为安丰县之地，周回一百许里，溉田万顷。有水门三十六，门各有名。有滚坝一、有石闸二、有杀水闸四、有溮水桥一，有圳、有堨、有堰、有圩，时其启闭盈缩。"记述了芍陂的水源、闸门数量、附属建筑、灌溉面积以及运行情况。

值得注意的是清代芍陂水利碑刻出现了对孙公祠的专门记载。这些记载涉及孙公祠的位置变化、重修活动、规模大小、祭田演变等情况。乾隆八年（1743年）《安丰塘孙公祭田记》碑对孙公祠祭田的来历和演变过程做了细致描述，对祭田原委悉数讲明，是研究芍陂水利的宝贵资料。乾隆三十四年（1769年）的《本州候选漕标守府聂公重修孙公祠记》碑，描述了新修孙公祠的规模："其后之大殿，

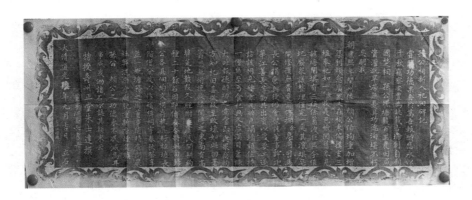

◎ 《孙公祠新入祀田碑记》拓片

左右夹室中之戏楼，东西二厢前之仪门、山门，并东之颜公祠，皆因旧制而更新之。其东复立角门以便出入。"《孙公祠新入祀田碑记》则记述道光八年（1828年），朱士达新征祀田的情形，将"塘之东南的高埠荒地数段归公，各俱佃约，交祠存执"。这些对孙公祠的相关记录，是芍陂水利的重要组成部分，是后世研究芍陂不可多得的珍贵资料。

中华人民共和国成立后所立《安丰塘记》碑，位于塘堤北岸水上碑亭中。该碑对芍陂的基本情况做了进一步详细记录。"古代芍陂南起众兴集之贤姑墩，北至老庙集、戈店一带，周长六十余公里，共开五门，隋初增为三十六门，清康熙间大修后存二十八门。其主要水源来自六安龙穴山，流至红石桥与谢埠之间引入淠水，至贤姑墩入塘，号称灌田万顷。"较为准确地描绘了安丰塘的地理位置、面积、闸门以及水源情况，是新时代传承历史、丰富芍陂水文化的新篇章。

4. 反映民间之水利冲突

翻检明清两代水利碑刻，不难发现，其中涉及很多民间的水利冲突。《明按院魏公重修芍陂塘记》中记述了明代前期芍陂被"居民乘之，得以日侵月占，掩为一家之私"，这种不顾大家利益占塘为田的自私行为，为民间的水利冲突埋下隐患。

到了嘉靖年间，《本州邑侯栗公重修芍陂记》碑则进一步描述芍陂"塘中淤积可田，豪家得之。一值水溢，则恶其侵厉，盗决而阴溃之矣。颓流滔陆，居其下者苦之"，豪绅为了一己私利占塘为田，使居住在下游的人们常受洪涝之苦，民间水利冲突至此已十分明显。

万历四年（1576 年）的《按院舒公祠记》碑中提到"不记何年旱甚，朱灰革为上流自私者阻，大香门为塘下豪强者塞，渠日就湮，不可以灌、漕，民皆两失利"，指出豪绅的占垦行为使芍陂无法发挥它的水利灌溉作用，水利矛盾日益突出。

到了万历十年（1582 年），《本州邑侯黄公重修芍陂界石记》碑中写道："成化间，豪民董元等始窃据贤姑墩以北至双门铺，则塘之上界变为田矣……以古制律今塘，则种而田者十之七，塘而水者十之三，不数年且尽为田矣。"这块碑刻较为详细地记载了芍陂从成化年间开始，豪强是如何占塘为田的。透过碑文，不难看出，豪强总因一己私利占塘为田，致使大部分人的灌溉利益受损，民间的水利冲突愈演愈烈。

到了清代，芍陂水利碑刻对豪强占塘为田引发矛盾的情形也多有记载。《颜公重修芍陂碑记》中提到"近塘之奸民暗穴之，堤大决，波涛澎湃之声闻数十里，民田素不被水者，多波及焉。塘之顽愚复开堤放坝，竭泽而渔，道路相望，夜以继日，不一月而塘涸矣"，也就是说，芍陂附近奸民的自私行为使得周边民田饱受洪涝之苦。

◎ 黄克缵《积水界石记》碑拓片

道光八年（1828 年）的《重修安丰塘碑记》中还记载了上下游之间的矛盾冲突："其患有二：一则塘旁居民利其淤淀为田，得以专享其利，不顾塘之废也；一则上游六安之人，筑坝截流，渒水不下行，其害二也。"明确指出芍陂附近居民与上游居民为了各自的利益阻遏上游水源，不惜损害下游居民的利益，是当时民间水利冲突的典型表现。

5. 规范水利行为

哪里有矛盾，哪里就有斗争。在区域水利社会中，同样如此。水利矛盾斗争的结果往往是制定带有规约性质的水利约束条款，建立水利秩序，规范用水行为。在留存的芍陂水利碑刻中，涉及水利规约性质的有四方，分别是《本州邑侯黄公重修芍陂界石记》《颜公伯珣自作碑记》《禁开垦芍陂碑记》和《分州宗示》。

明代黄克缵在治陂后所作的《本州邑侯黄公重修芍陂界石记》中提到"若曰：田止退沟逾此而田者罪勿赦"，"若曰：田止于新沟，逾此而田者，罪无赦"，"因书此于石树之界上。界以新沟为准，东起常子方家，后贯塘腹，西至娄仁家后云"。碑文所记，是明万历年间地方官员为明确芍陂的垦田范围而划定界限，是遏制居民占塘为田的约定条款，这些举措对维护芍陂水利的延续起到了保护作用。

到了康熙年间，颜伯珣在其《颜公伯珣自作碑记》中规定"堤岸门闸吐纳防卫之道，锁钥畚杵之器，树艺渔苏之约，友助报本之义，无不备悉。讲求先后，依堤植千树柳，明年将还旧林"。是碑所载，明确了水事活动的秩序，并规定通过在陂塘大堤上植树来保护芍陂水利工程。

道光年间的《禁开垦芍陂碑记》中提到"所有从前已经升科田地仍听耕种外，其余淤淀处所，现已开种及未经开种荒地，一概不许栽插。如敢故违，不拘何项人等，许赴州禀究。保地徇隐，一并治罪，决不姑贷。各宜禀遵，切切，特示"，展示了当时官方禁止人们继续开垦芍陂的

芍陂水利碑刻的当代价值

芍陂水利碑刻内容丰富，形制多样。其碑文涉及芍陂的历史沿革、时人修治芍陂的功德、芍陂的基本面貌（包括水源、面积、闸门等），记录了芍陂管理的理念，形成了部分规约性条款，有的还反映了民间的水利冲突，是我们认识了解芍陂历史文化的重要途径和载体，具有极高的科研价值。透过这些碑刻，我们可以跨越千年历史，认识先辈们是如何兴水、用水、亲水、管水的，也可以窥见环塘民众守土一方、兴利除弊的豪情壮志，更可以借助碑刻了解芍陂的来龙去脉，了解中国水文化的博大精深。如今，芍陂已被评为省级水利风景区。芍陂的旅游文化价值正被逐渐挖掘出来。这些水利碑刻资料，是芍陂水利工程的重要组成部分，是展示芍陂千年历史文化的最佳物证，是人们了解古代农业水利文化的一面镜子。

决心以及处罚方式。

在《分州宗示》碑中更是规定"禁侵垦官地，禁私启斗门，禁窃伐芦柳，禁私宰耕牛，禁纵放猪羊，禁罾网捕鱼"，该碑是一块典型的示禁碑。对可能危害芍陂水利的行为作出明确禁止，以"约法三章"。对当时减少水事矛盾、预防水利纠纷、规范水利秩序具有重要指导意义，同时对促进灌区生产发展和维护社会安定也起到了积极作用。

一方方碑刻，不仅铭记着明清两代有关芍陂的如烟往事，更承载了环塘民众对芍陂的拳拳爱心。往事历历，碑铭犹如一面镜子，折射出环塘百姓亲水、用水、护水的一片深情。

三、芍陂诗文：梦里花落知多少

碧波万顷的安丰塘，水天一色，号为"天下第一塘"。在历史长河中，无数文人骚客或来此观览，或隔空唱和，或临水凭吊，或遥寄相思。壮阔的水面，幽雅的孙公祠，让文人墨客们为之倾倒。古人借此塘之水发幽思，诉衷肠，吟风月，颂官宦，留下了大量的诗文篇章，其中不乏精品之作。这些诗词歌赋，既是古人当时情怀的吟咏感叹，也为后人留下了无限的遐想。

纵览这些芍陂诗文，或借诗言志，或以诗叙事，或借景抒情，或歌颂功德，或唱和应答，或送别期许。凡此种种，不一而足。

关于芍陂的诗词中，最早创作的一篇应是司马池的《行色诗》。

司马池（980—1041年），字和中，夏县（今属山西）人，为北宋政治家、历史学家司马光（1019—1086年）之父。真宗景德二年

（1005 年）进士，于天禧五年（1021 年）迁秘书省著作郎，继而复兼监察安丰（今安徽寿县南、霍邱县东）酒税一职。司马池于赴任途中作有《行色》一诗，也是其生平唯——首流传至今的诗作，所以弥足珍贵。诗云："冷于陂水淡于秋，远陌初穷到渡头。赖是丹青无画处（"无画处"一作"不能画"），画成应遣一生愁。"

司马光、张耒认为《行色》一诗甚为成功，皆因其取得了梅尧臣所说的"状难写之景如在目前，含不尽之意见于言外"的艺术效果，并由此达到了"意新语工，得前人所未道者"的境界。全诗第一句借助芍陂之水的冷、秋容的淡表达深沉的离别之情。短短七字，却是如此层叠顿挫，诗人笔力之雄健于此可见，而愈积愈深的离情也在此时喷薄而出，让其发出"冷于陂水淡于秋"的一声慨叹。第二句叙述诗人陆路已走完需改行水道，但诗人却曲折道出，层层推进：道路漫长，渐行渐远（"远陌"）；陆路终于走完（"穷"），但这只是遥遥征途的开始（"初"），面对河流（"到渡头"），慨叹后面不知还有多少的水陆纵横。三、四两句纯为议论，将离情的抒发推向高潮。"赖是"，幸亏的意思，意为幸亏眼前的景色画家无法落笔，如果真的画出了，岂不是让我一生都难以排遣这么深重的忧愁？[①]

历代吟咏芍陂的诗篇，从数量上看，不下百篇，留存最多的是清代的。据粗略统计，清代有关芍陂的诗篇有 30 余篇。

这些古人的吟咏佳篇，如果从内容分类上来看，可以分为描写芍陂风景的诗，叙述治理芍陂过程的诗，专写孙公祠的诗，歌颂有功芍

---

① 高平：《从司马池〈行色〉一诗看宋初诗人对宋诗特征的探索》，《古典文学知识》，2010 年第 1 期。

陂者的诗，往来唱和的诗，以及以芍陂为例入诗等几种情况。下面我们来逐一看一下。

1. 描写芍陂风景风情之作

芍陂虽是水利工程，但水面壮阔，一望无垠；沿堤水门林立，柳树成荫，风光旖旎，素有"芍陂归来不看塘"之美誉。更有孙公祠峙立北岸，环境古雅，向为文人墨客所钟爱，故而吟咏芍陂风景之诗历代不绝。

芍陂地处江淮大地，虽无名山大川，却有"深林隐古寺，落日映丹枫"的静谧之美，也有"芍陂犹未改，流水自西东"（夏俱庆《同方蟠三安丰城晚眺》）的动态之美。"浩浩长陂水，皂口东北流。巨堰若四塞，阡陌罗九州。"（颜伯珣《改建楚相国孙叔敖庙乐神章》）寥寥数句便将芍陂广阔宏伟和巨大的灌溉效益呈现出来，读之使人如临其境。

芍陂之水不仅溉田万顷，养育一方百姓，也营造了一种生态和谐之美。"宿渚鸥凫迷近远，随波荇藻任纵横"为我们展示了芍陂碧波荡漾、水草丰美、沙鸥翔集的生态美景。"支渠派引千畦润，陇亩村连百室盈。流泽于今还未艾，试听放闸鼓歌声"（方育颖《芍陂》）则生动地再现了环塘良田阡陌，村落云集，人们在一片放闸鼓歌声里，喜盼丰收的生活之美。

> 西风十里藕花香，红蓼滩边鸥鹭凉。
>
> 一带长堤衰柳外，家家渔网晒斜阳。
>
> 水禽时掠浅滩飞，烟霭苍茫接翠微。

好是轻风人放棹，红莲采得满船归。

清代桑日青的这首《芍陂杂咏》，以轻快的笔调，将芍陂旖旎的风光和当地百姓的日常生活有机结合，通过西风、藕花、红蓼、鸥鹭、长堤、衰柳、斜阳、渔网，展现了一派恬静的乡村风光和芍陂风情。在青翠缥缈的山光水色里，水禽在浅滩飞掠而过，苍茫的烟霭与轻风使棹的渔人，满船归载的红莲，一派水与天、水与禽、水与生活的惬意画卷徐徐展开，所谓"无限风光在芍陂"不过如此。

2.叙述治理芍陂之作

此类诗篇在芍陂诗文中占有相当篇幅，而尤以明清时期居多。

我昔独卧泗水春，十年身老渔樵人。

园中高阁临河湑，千柳万柳相映新。

我今淮南末僚列，许身难比稷与契。

操筑日日芍陂头，种柳犹课春时节。

汝柳尽生我当归，十年白发头更非。

不见此老汝应悲，须忆陂岸种柳时。

清代颜伯珣的这首《芍陂堤上课各门监者种柳》记叙了他在治理芍陂过程中，坚持每年在开春之后于芍陂堤上种柳之事。诗人自谦难比后稷和契，但仍执着于芍陂的治理，"操筑日日芍陂头，种柳犹课春时节"，以至于出现"十年白发头更非"的情况也无所畏惧，体现了他治理芍陂的决心和毅力。他的另一首《十月安丰大筑西堤寓李莫店旧馆感成四十韵》更是详细记录了治理芍陂的过程和艰辛，也是历代芍陂诗词中最长的一篇。

吾衰少安居，四寓主人屋。

虽匪行迈日，旅食恒迫蹙。

寒暄自屡殊，人事亦反复。

向者五绛桃，蒸为爨下木。

其岁在著雍，此华创吾目。

四壁尽白雪，凭凭应前麓。

公功杂幽兴，春气郁逾淑。

省檄清晨下，公徒辄何速。

旌旗欻无色，父老向我哭。

自兹理长楫，征人去三伏。

邵宝天吴怒，波涛压百谷。

性命呼吸存，出险方觳觫。

惊定旋作疾，疟鬼旬乃戮。

豺狼当天关，裂眦厌人肉。

帝阍五尺悬，霰雪迷梁陆。

惭类子敬主，厄遭文公仆。

京洛盛亲朋，言归伤采逐。

踉跄偷入门，老妻进羹粥。

相对颇无欢，世谷不足讟。

悄悄萎冰蕙，怅怅失银鹿。

荣枯物莫凭，遑恤及赢缩。

故旧逝将尽，老岂恋微禄。

况乃升斗绝，但忧在公悚。

乞归归未得，臣岂昧昔夙。

末僚亦名器，志士在沟渎。

美陂三千年，苍生命中畜。

上实愧股肱，下焉辞版筑。

灌输田万顷，锁钥三十六。

矫首望昔贤，未自顾驽碌。

陂功数载余，陂民无饱腹。

作苦冀稼甘，喜兹慰所祝。

庚积属不收，群类蕃始育。

晴波市鱼菱，晚景喧樵牧。

鸿洞赤岸水，荡摇青冥竹。

斗牛搴裳上，蟾蜍濯手掬。

宫庙势参差，倒影穿地轴。

鹈翠循楯鸣，鸡青隔帘宿。

草木十月交，花实纷馥郁。

重来劝冬作，胜概羡若族。

茅檐烛花深，长吟激幽独。

"矫首望昔贤，未自顾驽碌。"颜伯珣在诗中以昔贤为榜样，勤事芍陂治理，"陂功数载余，陂民无饱腹。作苦冀稼甘，喜兹慰所祝。"

经过前后六年多的艰辛治理，百姓先苦后甜，终于大功告成，实现了"庚积属不收，群类蕃始育。晴波市鱼菱，晚景喧樵牧"的场景，可以慰平生所愿了。诗人以朴实的笔风，将自身的命运与芍陂修治过程的艰辛娓娓道来，展示了诗人继承先贤遗志，一心为民治水的崇高精神品格。

3.有关孙公祠之作

在众多文人墨客题咏芍陂的诗文中，有不少涉及孙公祠的诗篇。这些诗篇，或写孙公祠之情景，或是借孙公祠凭吊千古往事。

"百里陂塘峙楚祠，万年伏腊动人思。爱存堕泪非残碣，功似为霖岂一时。"明代王邦瑞这首《过孙叔敖相祠》忠实记录了环塘民众怀念孙叔敖创建芍陂之功，定期祭祀的场景。连续使用"堕泪碣"和"为霖"两个典故，比喻孙叔敖修芍陂之功，泽被深远。全诗寥寥数语，便将孙叔敖之功和百姓感念之情呈现出来。同样表达后世百姓对孙叔敖感念之情的诗作还有清代桑日青的《楚相祠》：

安丰旧县草芊芊，楚相祠堂尚宛然。

人去寝邱思未已，门临芍水泽常绵。

残碑卧路淋秋雨，古柏撑空带晚烟。

优孟衣冠今在否，环塘俎豆自年年。

安丰故城早已湮没在茂盛的草丛中，而楚相祠堂还屹立在安丰塘畔，人们对于孙叔敖子孙选择寝邱之地争论不已，楚相祠堂门前的芍陂之水却泽被后世，延绵不已。残碑、秋雨、古柏、晚烟道出了芍陂环境的古朴典雅，最后作者借用"优孟衣冠"的典故，叙述了环塘百姓对孙叔敖之恩从没有忘记，年年祭祀的情形。这首诗与颜伯珣的《孙叔敖庙》有异曲同工之妙。"安丰县郭草离离，塘上巍然楚相祠。乌鹊朝啼南国树，儿童醉卧岘山碑。百年兵火妖氛后，万井桑麻霸业遗。高下诸门零落尽，前贤岂不后人期。"诗中对芍陂环境的描写与桑日青的《楚相祠》几乎一致。诗中借用"岘山碑"典故称誉孙叔敖在寿地的政绩，并称此地"万井桑麻"是昔年楚国霸业的遗迹。凡此种种，对孙叔敖感恩之情，怀念之意溢于言表。

4. 歌颂有功于芍陂者之作

这方面比较典型的代表是王安石的《安丰张令修芍陂》：

桐乡振廪得周旋，芍水修陂道路传。

日想僝功追往事，心知为政似当年。

鲂鱼鲅鲅归城市，粳稻纷纷载酒船。

楚相祠堂仍好在，胜游思为子留篇。

诗中对张公仪修缮芍陂之事加以充分肯定，并对当地出现"鲂鱼鲅鲅归城市，粳稻纷纷载酒船"的繁盛之景大加赞赏。陈舜俞在得知此事后，立即作了一首唱和之作《和王介甫寄安丰知县修芍陂》：

雩娄陂水旧风烟，可喜斯民得继传。

万顷稻粱追汉日，五门疏凿似齐年。

才高欲献营田策，公暇还来泛酒船。

称与淮南夸好事，耕歌渔唱已相连。

这首诗对芍陂得以修缮后的"耕歌渔唱已相连"进行了热情的赞美，对芍陂治理能够后继有人也表达了无限欢喜。事实上，古代为官者，治理一方水利，往往会留下只言片语，有的以诗记之，有的以文记之。明代郭公周在《宿芍陂塘祠》中有感于芍陂屡得良吏修治的情形，发出了"更喜循良在，芳猷照断碑"的感慨。

有趣的是，王安石的《安丰张令修芍陂》不仅在当时引来了陈舜俞和金君卿的唱和，千年以后的今天，竟又引来了一位当代诗人的唱和。当代女作家魏艳鸣曾作《过安丰塘追和王荆公〈安丰张令修芍陂〉》一首：

望中鸥鹭几盘旋，似感先贤遗泽传。
稻蕊香飘时浸野，桃源梦入不知年。
菱歌漾水沉酣月，笑语随风装满船。
千顷波清堪蘸笔，思征云路再开篇。

诗中对"先贤遗泽"在今天的发展进行了深入的描写。"稻蕊香飘时浸野，桃源梦入不知年"，仿佛经过芍陂之水的滋养，寿县已成为稻蕊香飘的桃花源。"菱歌漾水沉酣月，笑语随风装满船"则是当下百姓安居乐业的生动写照。所谓"留得一塘千古利，寿阳黎庶不忘君"便是对历代治陂有功者的最好纪念。

5. 送别之作

芍陂地处南北交汇之地，古代文人墨客在此任职或停留，难免会留下许多送别之作。宋诗巨擘梅尧臣曾写有一首《送刁安丰》："尝游芍陂上，颇见楚人为。水有鸟鱼美，土多姜芋宜。宁无董生孝，将奉叔敖祠。旧令乃吾友，寄声于此时。"[①] 诗中除了赞美芍陂地方水土丰美，也表达了对旧友依依不舍的送别之情。当然，王安石与陈舜俞、金君卿等人的唱和之作是芍陂系列诗文里的名篇，传唱千古。王安石在《送张公仪宰安丰》中说：

楚客来时雁为伴，归期只待春冰泮。

雁飞南北三两回，回首湖山空梦乱。

秘书一官聊自慰，安丰百里谁复叹？

扬鞭去去及芳时，寿酒千觞花烂漫。

诗中对好友张公仪赴任安丰充满期待，希望安丰之地在张公仪的治理下能够看到"寿酒千觞花烂漫"的场景。之后，王安石听说张公仪修治芍陂取得良好效果，十分高兴，写下了"芍水修陂道路传"（《安丰张令修芍陂》）的祝贺之辞。二人的"高山流水"之情通过芍陂这一文化之水得到新的升华。

古人以古诗表达情怀，诉说衷肠。今人则更喜欢以散文随笔的方式表达对芍陂的欣赏与爱恋。特别是近代以来，许多游览过芍陂（安丰塘）的文人都会被它的迷人魅力所征服。他们有感而发，创作了一

———————————

① 李松、陶立明：《〈芍陂纪事〉校注暨芍陂史料汇编》，合肥：中国科学技术大学出版社，2016 年，第 421 页。

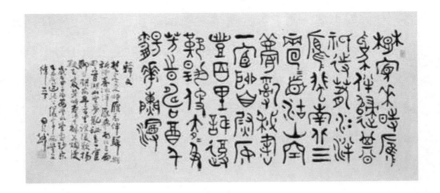

◎　司徒越先生所书王安石《送张公仪宰安丰》

篇又一篇散文随笔。赵阳先生《芍陂诗文》收录的散文随笔有 56 篇。如果加上还没有收集的作品，可能达百篇左右。这些散文随笔或思接千载，追述芍陂千年往事；或娓娓道来，倾诉自己的所思所想；或于垂柳依依的塘畔，临水凭吊孙公伟绩；或手抚斑驳的碑刻，畅叙古塘旧风新貌。总之，每一篇散文随笔的背后，都是一个动人的故事，这些故事是安丰塘往事的延续，是新时代下唱响千年古塘的新歌声！

　　除了诗词散文外，楹联也是芍陂文学的重要表现形式。说到芍陂楹联，最早的一副楹联，是清代乾隆年间寿州知州徐廷琳在重修孙公祠后所作的一副对联：

　　　　治芍水以继孙公，利泽期沾百世；
　　　　修祠堂而绍颜牧，生民共祝千秋。

　　这副对联将徐廷琳修治芍陂和孙公祠的事迹镶嵌其中，并期望后世百姓能永世祭祀，薪火相传。

　　新中国成立以后，在党和政府的领导下，寿县人民继承先贤遗志，整修安丰塘，使千年古塘焕发新的生机。2000 年 4 月，孙公祠经过重修大放异彩。寿县文广局在《寿州报》上公布了孙公祠楹联征集结果，寿县耆旧朱鸿震、著名教育家李贻训等纷纷撰联，又为孙公祠增辉添彩。当时，孙公祠楹联征集评选共收到作品 29 件，7 件入选。这 7 件作品分别是：

开一鉴清波润良田万顷，

记十分功业颂令德千秋。

（朱鸿震）

楚相功高昔建金塘遗泽广，

尧天日暖今闻碧野凯歌扬。

（李贻训）

千里稻花香黎庶于今怀楚相，

九天晓日灿江淮何处不春风。

（李贻训）

安国安民创千秋伟业，

丰功丰绩展万载宏图。

（徐君实）

蓄亿方碧水鱼肥蟹美芍陂奇功惠百世，

灌万顷良田树茂粮丰孙公伟业传千秋。

（朱宏纪）

佐楚庄安国计民扬四海,

凿芍陂利民生功惠千秋。

(石秀灿)

辅庄王成霸业英名垂史册,

兴芍陂利万家伟绩冠中华。

(时洪平)

这些楹联是芍陂水文化的重要组成部分,是对孙叔敖创建芍陂功绩的充分肯定,是新时代人民感恩孙叔敖,纪念孙叔敖的一种真情流露,反映了寿县人民知恩图报的历史情怀。

四、芍陂祭祀:三献灵坛礼容盛

水是农业的命脉,在以农为本的中华大地上,水崇拜作为一种根植于农业社会生活土壤中的自然宗教,在中国已延续了数千年,影响涉及政治、经济、哲学、艺术、宗教、民俗等各个领域。

从水与人类的关系上看,早期人类逐渐发现,虽然人们不断地、虔诚地向水神进行供奉和祈祷,但水旱灾害的侵袭并没有减少。而人类通过自身力量整治江河、疏浚沟洫,却往往能减少或避免水旱灾害。尤其是大禹、李冰等治水英雄领导人民降伏水患、造福世人的生动事例,使人们越发清醒地认识到,与其把命运寄托在神的身上,不如尽"人事"之力,主动"治水",以改变受制于大自然的被动局面。

在这种社会心理影响下，春秋战国以后，治水英雄逐渐成为人们崇拜祭祀的对象。其中最为典型的便是大禹。大禹是华夏民族最为崇敬的治水英雄，他的治水功绩和治水精神可歌可泣，历代传颂不衰。人们为了纪念他，便在他治水足迹遍布的神州大地上修建了许多纪念建筑物，如建在安徽怀远涂山之顶的禹王庙（又名禹王宫、涂山祠），建于河南开封市郊的禹王台，建于浙江绍兴会稽山上的大禹陵等。

作为一座古老的水利工程，芍陂灌溉良田万顷，泽惠淮南百姓。后人感念孙叔敖的恩德，建庙祭祀之，由此开启了芍陂水利祭祀的历史。事实上，对江河的自然崇拜逐渐转变为对治理江河英雄人物的崇拜，是人类社会发展进步的重要标志。人们从大禹、孙叔敖等人治水的伟大社会实践中意识到，人类只有依靠自己的力量，才能战胜自然灾害，与自然更好地和谐相处。尽管祭祀大禹、孙叔敖等治水英雄的活动也包含着一定的迷信色彩，还未能从根本上挣脱神权的羁绊。但是，神化大禹、孙叔敖等，毕竟是人类思想进化上的一大飞跃，是对迷信虚幻水神观念的否定。于是，以神为本的文化便逐渐向以人为本的文化过渡，"人们从惶恐地匍匐于天神脚下的奴婢状态中逐渐解脱出来，在理性之光的照耀下，开始伸直腰杆，着力创造现世的美好人生"。[①]

芍陂水利祭祀是水利信仰的具体表现形式。其祭祀的主神是芍陂的创建者孙叔敖。祭祀的场所在芍陂北堤岸上的孙公祠。查看历史记载，有关芍陂孙公祠的最早记载出现在《水经注·肥水》中。

　　陂有五门，吐纳川流，西北为香门陂，陂水北迳孙叔敖祠下，谓

———————————

① 冯天瑜等：《中华文化史》，上海：上海人民出版社，1990年，第302页。

之芍陂渎。

说明早在魏晋南北朝时期，安丰塘畔的民众便已筑祠堂来缅怀孙叔敖的治水功绩。千年以来，孙公祠一直是环塘民众的精神寄托之地。这在明清时期表现得尤为突出。

◎ 表 9　明清时期孙公祠修缮情况表[①]

朝代	修缮时间	主持者	修缮情况
明代	成化十九年（1483 年）	魏璋	且命新叔敖故祠。
	成化二十三年（1487 年）	刘概	知州刘概建。
	嘉靖二十六年（1547 年）	栗永禄	重修。
	万历四十三年（1615 年）	朱东彦	督其役，既受命，疏滞，增埂堤，新门闸，培祠宇。
	万历四十六年（1618 年）	孙文林	见楚相有庙而无祭田，不惜捐俸谋之，置田一十四亩，存祠备祭孙公祠。
清代	顺治十二年（1655 年）	李大升	以旧祠陋殿，在大树北，改作大树南，但以吏董治，尝夜课工料，仍狭薄，祠无厦楣，兀然于野而已。
	康熙四十年（1701 年）	颜伯珣	颜公改修之，殿移大树北，仍取陂中土补累之，广高各拓旧制，两端增设耳房、廊宇、庑院、户牖窗棂，焕然改观。
	乾隆二十六年（1761 年）	徐廷琳	改易大殿木料，增换崇报门楼板。
	乾隆三十七年（1772 年）	郑基	以修闸余资，补葺之。

① 此表据光绪《寿州志》及孙公祠内碑刻统计而成。

续表

朝代	修缮时间	主持者	修缮情况
清代	乾隆五十九年（1794年）	聂乔龄	其后之大殿，左右夹室中之戏楼，东西二厢，前之仪门、山门并东之颜公祠，皆因旧制而撤盖更新之。其东复立角门，以便出入。
	道光二年（1822年）	聂揎堂等	捐钱重修之。
	道光八年（1828年）	朱士达	塘之东南的高埠荒地数段归公，各俱佃约，交祠存执。
	光绪三年（1877年）	任兰生	拨款修浚塘堤、桥闸……水门及孙公祠。
	光绪八年（1882年）	任兰生	修葺凤凰、皂口二闸、滚坝、孙公祠。

从表9中可知，明清时期，地方人士修缮孙公祠的频率越来越高。明代有5次，清代达到了9次。可见当地人对孙叔敖的崇拜还是很忠贞的，始终恪守儒家伦理道德，不忘先人功绩，时常修葺。

古人为孙叔敖建祠堂，并将其神格化为护佑安丰塘之神，是千百年来，芍陂周边民众由自然崇拜转为英雄崇拜的一种必然选择，也是环塘民众在不断的治水实践中，逐步形成的一种水利信仰。这种信仰体系的建构，是寿县人民感恩治水功臣的一种心理寄托，是环塘百姓追远报本情感的自然流露。

芍陂水利信仰体系，包含了极其丰富的内容，而祭祀是其最主要的体现形式。

芍陂水利祭祀的对象是历代有功于芍陂者。根据《芍陂纪事》的记载，至少在嘉庆年间，孙公祠祭祀的对象共有51人。其中主神是孙叔敖，副神是明代黄克缵和清代颜伯珣。这些芍陂功臣，或是曾于此地督修过安丰塘，或是对安丰塘的发展出钱出力，或是作为地方官直接参与修治。这些被奉祀的功臣一般都有一定的功名或职位。其所

◎　清代聂氏修孙公祠碑文拓片

做贡献包括疏浚水源、培修塘堤、捐俸补修、改修水门、修缮孙公祠。从《芍陂纪事》所列祭祀对象来看，有两个值得注意的地方。一是芍陂水利祭祀神位的设立，经历了一个从单一到多元的过程。最初孙公祠祭祀的对象可能只是孙叔敖一人。至少在清代以前，不见有祭祀对象的详细记载。到清代，祭祀对象发生了一个显著变化，就是神位逐步固定。在《芍陂纪事》中，主神、副神以及从祀名宦已经有自己的牌位和固定位置，除主神和副神外，其余祭祀对象以时间为序，依次排列。当然，其中饶有兴味的是副神的选择，黄克缵和颜伯珣之所以德配副神之位，在于二人"俱有兴废举坠之功，亦非常凡之匹俦也"。黄克缵曾奋逐豪强，阻止了芍陂被进一步侵垦的危险，而颜伯珣则修废举坠，任劳不倦，兴利之功，于斯为大。所以他们能够位列楚相孙叔敖之下，列于其他名宦之前，这应是一个慎重选择的过程，其选择标准、牌位顺序、副神选择是环塘民众在系统梳理后形成的一种共识。当然，祠祭对象排序的构成，是随着后世逐渐增补奉祀入位的，呈现出群体性态式及开放性。这一过程也是水利社会形成的标志，是人们在感恩祖先治水过程中一种文化心理的展现。

芍陂水利祭祀地点的选择，也很值得注意。因为孙公祠不是唯一的祭祀地点。事实上，在芍陂周边还分布着好几座祠堂。它们分别是舒公祠、邓公庙、颜公祠等。邓公庙在芍陂堤，为纪念三国时邓艾而建，因其曾在芍陂屯田兴利，惠及百姓，故建祠以纪之。但不知何年何人所建，到清代时该祠已废，其具体位置也无所考。舒公祠也在芍陂堤上，是为纪念明代按院舒应龙而建，因其曾在万历四年（1576年）筑堤挑河，惠泽一方，故百姓建祠纪念他。但到嘉庆年间，该祠已废，所在方位也无从考证。颜公祠是为纪念清代颜伯珣而建的生祠，他曾耗时6年修治芍陂，为芍陂兴复呕心沥血，百姓感念，立祠以纪之，但到了清末，该祠亦废。

祭文　魏圻撰

维年岁次月朔日辰，某衔某名谨以刚鬣柔毛、清酌庶品之仪致祭于楚相孙公之神。曰："惟神显显令尹，被泽实鸿，惠我元元，千古骏功。比岁不登，民用告穷，惟神默相，雨旸时逢，繁继自今，熙穣安丰。惟兹季春秋，肃展忱衷，聿将祀典，以黄颜二公配。尚飨！"

又祭文东西庑同

维年月日，某名谨以刚鬣柔毛、清酌庶品之仪，致祭于历朝名宦之神。曰："惟神上自汉世，下至宋明。迄我国家，代生循良，兴利除害，各理芍塘。功追前哲，泽被一方，丰功伟绩，史册昭详。居民奉祀，前后相望。岁功伊始报毕，敬献肴浆。神其来格，庇我群氓。尚飨！"

从祭祀角度来看，这些祠堂的建立，一方面是明清时期淫祠发展的结果，另一方面也是当地百姓感念治陂有功者的一种直接表达。随着历史的演进，邓公庙、舒公祠、颜公祠等逐渐消失在历史长河里，它们所奉祀的主神也逐渐归位到孙公祠中，成为以孙叔敖为主神的祭祀系统的一员。

芍陂水利祭祀有其严格的仪程，整个过程充满了仪式感。祭祀仪式在每年春秋二季举行。一般安排在每年农历三月和九月。祭祀仪式由州司马主持行礼，其规格也是相当高的。

在祭祀之前首先要进行祭前省牲仪式。

祭祀当日的仪程如下：

就位→瘗毛血→迎神→行初献礼→行亚献礼→行三献礼→饮福受胙→送神→望瘗（焚祝帛）→礼毕。

整个祭祀过程经过初献、亚献、三献行礼，严格遵循儒家传统祭祀仪式进行，具有浓厚的儒家礼仪色彩，庄严肃穆。其祭文的格式和内容也反映了儒家传统文化的深刻影响。

从祭文中不难看出，祭祠严格遵循儒家的长幼尊卑思想。祭文因祭祀对象不同而有所差异，包括祭文中称谓用词、规格和表达诉求等诸多方面的差异。祭文内容一方面肯定先贤对芍陂的贡献，另一方面祈求他们保护、祈求风调雨顺。这是将英雄崇拜与神灵崇拜合而为一的水利信仰，是一种将治水功臣神格化的体现，当然，它也融入了儒家伦理道德的文化底蕴。

芍陂水利祭祀所用祭品以安丰塘灌区物产为主。主要包括鸡、鸭、鱼、蟹和菱、芡、藕、芹等。当然主殿祭祀用品和配殿祭祀用品有一定的差异，东西配殿所用物品的数量和规格明显低于正殿，这是儒家等级思想的一种体现。

正殿陈设图

馔　　牲　　羹
鸡　　菽　　鸭　菱
鹅　　麦　　鱼　芡
虾　　　　　蟹　水
　　　　　　　　芹
稻
粱
藕
荠
金
针

烛　　香　　烛
豕　　案　　羊
　　　祝
　　　文
烛　　帛　　烛
爵　　爵　　爵

东西配二席陈设

和
羹

鱼　稻　麦　鸡　藕　菱
蟹　　　　　虾　金　水
　　　　　　烛　针　芹
烛　帛
豕　　　　　羊
　　　　　　纸
香　　　　　锞
一　　　　　一
束　　　　　分

爵

芍陂水利祭祀不仅是一场官方主导、民众参与的仪式，更有其自身的功能和价值。主要体现在这样几个方面：

首先，水利祭祀是慎终追远，激励后人的重要仪式。长期以来，芍陂水利祭祀得到官民认同，诸多官宦名仕积极参与其中，而民间又乐见其祠祭及祭仪的传承。这无形中起到了慎终追远，激励后人的重要作用。它不仅缅怀了先辈治水的功德，也通过仪式让环塘百姓懂得只有更好地爱护芍陂水利，才能保持泽惠长存。

其次，水利祭祀对凝聚环塘民众的向心力具有重要作用。作为一种公共资源，芍陂水资源牵扯到环塘民众的用水利益。芍陂水利祭祀的形成，一方面与寿州的地理方位、农业文化传统及芍陂历史的深厚积淀密切关联。另一方面也为凝聚共识，更好地使用、维护、分配水利资源起到了调节作用。这一仪式透过儒家传统文化潜移默化的影响，对凝聚民心、形成共识、共同维护芍陂水利具有不可替代的作用。

再次，水利祭祀是维护寿县地方水利秩序的重要一环。芍陂水利作为寿县地区最大的水利工程，灌田遍及近 10 个乡镇，是传统农业社会维持地方生计的命脉。因而水利祭祀的出现作为芍陂水事活动的重要一环，是平衡地区水利利益的重要平台，有利于形成共同的文化心理，对维护水利秩序的稳定具有重要作用。

众所周知，传统农业社会的祭祀活动，往往需要一定的经济基础和财力维持，否则无法持续开展。围绕芍陂而进行的水利祭祀活动同样如此。祭田是孙公祠祭祀体系的基本保障，祭与田是互为表里的关系。古来圣贤，凡有功德于民者，无不立庙设像以祀之。而祭祀之品物，多有赖于祭田的营收。孙公祠始有祭田源于万历四十六年（1618年），时任滁州太守孙文林，"奉兵宪贾公檄委修芍陂，……更见楚相有庙而无祭田，不惜捐俸谋之，置田一十四亩，存祠备祭"。① 康熙四十年（1701年）左右，由于"惜乎祭田之失传，虽有滁太守孙公置田一十四亩，坐落新开门下，犹未足以备四祭之需"。当时颜伯珣查出明代滁守孙文林在新开门下所置祭田14亩，已难以满足祭祀之需。于是在皂口闸旁寻得古荒公田16亩，文运河废弃官田66亩，每年收租可达四十石有奇。祭祀之需至此尚能满足，但也存在田多偏远，佃户零星，甚至收租困难的局面。到了乾隆十四年（1749年），知州金宏勋让各佃户按时价购买所佃之田，永为己业，百姓悦从。当时得银320两用于重新购置祭田，后在西首门购置民田50亩，在新化门购置军田20亩。这两处田产归于孙公祠，"百世不易，神享其祭"，成为维系孙公祠日常生存及正常祠祭的基本保障。然而时隔多年，孙公祠再次陷入难以为继的状况。为孙公祠添设祭田成为维系祠庙运作生存的有效方法。道光八年（1828年）朱士达知寿州时，劝募环塘人民按亩捐资或贫者出力修治安丰塘。在此过程中，他曾与当地士绅前往孙公祠商议筹资事宜，却发现孙公祠"砖零瓦碎，户塌墙颓，住持一僧，几至丐食；祀典久虚，满目萧条，大非报德酬功之意。当即与众商酌，方知祀田甚微，故至败坏如此"。了解情况后，他便谋划解决之道。后听闻"塘之东南，有高埠荒地数段，久经附近贫民开垦，约种二十余石。因即传齐，令将此田归公。各具佃约，交祠存执。其籽粒，塘长偕僧分收，以作补葺祠宇、春秋祭享并一概塘务之用"。② 至此，祭祀经费来源问题才得到有效解决。

芍陂水利祭祀作为水利信仰的核心内容，体现的是古代环塘民众

---

① 夏尚忠：《芍陂纪事·名宦》卷上，清光绪三年版，上海图书馆藏。
② 朱士达：《孙公祠新入祀田碑记》，清道光八年碑刻，此碑现存寿县孙公祠。

的共同心声。这一仪式代表了环塘民众共同的心理需求和文化认同，是基于公共水利资源而形成的水利共同体的精神支柱。它不仅传承了儒家文化的思想内核，还为环塘民众提供了一个达成共识、共同维护芍陂水利资源的精神家园。

五、芍陂传说：安丰塘畔歌犹在

古老的水利工程，悠久的地方历史文化，往往会衍生出各种民间传说。在芍陂漫长的历史发展中，人们缘水而居，用水以存，护水以传，留下了许多动人的传说故事。这些传说，或歌颂英雄人物，或惩恶扬善，或褒贬时事，或臧否是非，不一而足。

芍陂的传说故事，是芍陂水文化的重要组成部分，是当地民众留下的一种非物质文化遗产。它从一个侧面反映了环塘民众的信仰和日常生活，构成了这一区域社会文化的心理状态。随着时间的推移，这些故事传说历久弥新，焕发出持久的生命力，昭示着传统社会悠久的农耕文明！

芍陂的传说故事，流行于广大人民之中，是地方民众精神文化生活的重要组成部分，反映了环塘民众的社会生活和思想情感。

芍陂的传说故事，类型多样，内容完整，叙事生动，具有典型的地域特色和生活气息。

目前所知，有关芍陂的传说故事，最早的应是唐代"碧莲花"的传说。

话说宣平太傅相国卢公在应举时，寄居在寿州安丰塘侧，曾独自游览芍陂。途中偶遇一位担柴人，手持一朵碧莲花，卢公询问从何而来，云陂中得之。卢公后来到浙西为官，将此事言于太尉卫公。卫公派人搜访芍陂，却没有找到碧莲花，又遍寻江淮间，亦无所得。卢公才知道以前看到的碧莲花是非常神异之事。

这个故事记录在唐代李绰的《尚书故实》中，是以植物为主题的传说。也是目前能看到的有关芍陂最早的逸事，整个故事结构简单，叙事朴实，尚没有加入过多的思想感情。

从类型上看，芍陂的传说故事大致可以分为如下几种情况①：

1. 动植物传说

最典型的便是"家蛇"的故事。

相传在很久很久以前，孙叔敖在一个私塾里念书。一天早晨上学，他在路上看见一只大公鸡正在叨啄一条幼蛇。心地善良的孙叔敖快步走上前去，赶跑大公鸡，救下这条小蛇，并用自己最好的食物喂养它。数月以后，这条蛇养好了伤。孙叔敖见已藏不下它了，便对它说："小蛇啊小蛇，你的家在田野里，快去吧！"小蛇摆了摆长尾，恋恋不舍地走了。

光阴似箭，一转眼数十年过去了。孙叔敖这时已是楚国的令尹了。为了造福百姓，解决人民种田插秧的用水问题，孙叔敖率领百姓开挖安丰塘，历尽千辛万苦，安丰塘终于建成了。可是，光靠老天下雨积水总不是办法。孙叔敖经过实地勘察，决定在安丰塘上游开挖一条河道，引来六安龙穴山之水，以保安丰塘永不

---

① 本部分的故事传说参考了黄克顺、张海砚《试论安丰塘传说及其人文价值》，《怀化学院学报》，2016 年第 12 期；赵阳《安丰塘传说：淮南非遗园里的一枝奇葩》，http://www.huainan.gov.cn/wap/content/article/18393438

◎ 孙叔敖与蛇画像

干涸。可是，这时的百姓为建安丰塘均已精疲力竭，爱民如子的孙叔敖实在不忍心再去惊动他们。怎么办？孙叔敖忧愁得吃不下饭，睡不好觉。

这件事被孙叔敖救过的那条小蛇知道了。此时，它已修成了正果，其尾修炼得威力无比。小蛇来到安丰塘边，将尾巴深深插入地下，昂首缓缓地向南方游去。所过之处，地上现出一条又宽又深的渠道。这便是引水入塘的老塘河，上游的河水随即滔滔而来，不一时，安丰塘内便蓄满了水。

而此时小蛇也因功力耗尽，重新变回了一条普通的小蛇。孙叔敖很感激它，便又将它带回家中饲养，并称之为"家蛇"。就这样，在人们的保护下，"家蛇"与人们住在一起，一代一代地繁衍至今。老塘河引水入塘，造福于百姓，百姓也永远没有忘记开掘老塘河的小蛇。

◎　孙母教子图

　　这则传说以蛇为中心，叙述的是动物报恩的故事，是安丰塘灌区人与动物和谐相处的反映，展现了一个人与动物互助互惠、和谐相处的理想世界。这类故事在长期传播或流传中，会对民众的心理产生潜移默化的影响，使他们对大自然产生敬畏，影响人们对待动物的态度，客观上起到保护生态的作用。

　　2.人物传说

　　安丰塘是一个神奇的塘，这里留下了许多可歌可泣的人物故事，而其中有关孙叔敖的故事最让人津津乐道。

　　　　孙叔敖小的时候，与母亲相依为命。有一天，孙叔敖下地干活，忽然看到路边有一条正在爬行的两头蛇。他早就听人说过，两头蛇是大灾星，谁见到它就会死去。孙叔敖想：我就是死了，也不能让它再去害别人！于是，他毫不犹豫地拿起锄头，使劲把两头蛇打死了。然后，他又挖了个沟，将死蛇埋掉。

孙叔敖回到家中,见到为他日夜操劳的慈母,想到自己将不久于人世,双膝跪地,泪如泉涌——他怎么忍心抛下老母而去呢!母亲惊呆了,连声问道:"孩子,何故这般伤心落泪?"孙叔敖把刚才在地里的事从头到尾禀告了一番。母亲听后深为感动,为有这样一个舍己为人的好儿子而高兴。她扶起孩子,安慰道:"你做了好事,老天爷会保佑你的。你不会死,也许会因祸得福呢!"

果然,孙叔敖后来不但没死,还做了楚国的丞相。

此类有关孙叔敖事迹的传说故事还有很多。例如,孙叔敖持廉至死的故事、孙叔敖教子的故事、优孟衣冠的故事等。这些传说故事是安丰塘地区民众感念孙叔敖恩德的一种纪念方式,它们通过口口相传的形式传承至今,其人物形象逐渐被故事化,甚至神化,形成了别具一格的历史人物传说。

3.起源传说

这类传说往往牵涉事物的起源或来历。而关于安丰塘水利的起源故事充满了神话色彩。

话说很久以前,淠河岸边生活着一位蔿老汉[1],他与孙子相依为命。一天晚上,大雨滂沱,电闪雷鸣,待到次日清晨,人们开始忙着修理被风雨毁坏的房屋。蔿老汉在补结渔网后,带着孙子去淠河捕鱼。快走到河边时,小孙子指着前方对蔿老汉大叫:

---

[1] 该传说故事还有一个版本,故事内容大同小异,只是主人公由"蔿老汉"变为"李直"。

"爷爷看,那边好漂亮!"蒍老汉向前一看,只见一道金光闪闪的东西,走近一看,竟被吓了一跳。只见岸边躺着一条奄奄一息却满身金鳞的大龙,"龙!是龙!"蒍老汉大喊起来。于是整个渔村的人都跑去看此神物。大家议论纷纷,有人提议将它埋了,有人说:"天上龙肉,地上驴肉都是美味。"也有人说:"这是神物,吃了说不定会长生不老。"于是,三天不到,这条龙便没了,而心地善良的蒍老汉却没有参与这场血腥的分餐。

渔村很快恢复了往日的平静,没有人再提及龙的事。其实,这是一条得罪了天庭的孽龙,不久天庭便发现失踪的金龙被渔村的村民吃掉了,十分震怒,决定要惩罚此处民众,同时也决定赦免蒍老汉一家人。

一日,蒍老汉梦见一白须道人。那道人告诉他所居之地即将发生大灾难,让他注意城门前石狮子的眼睛,如果眼睛变红了,则要赶紧带着家人往北走出五十里开外,途中切莫回头。蒍老汉醒来后,便每天去看石狮子的眼睛,七七四十九天后,石狮子的眼睛果然红了。蒍老汉告诉乡邻赶快逃命,但受到乡邻的嘲笑。不久,天空乌云压顶,天昏地暗。蒍老汉无奈只得带上家人连夜向北逃离。天晓时分,终于走出五十里外。疲惫之下,蒍老汉看见一块大青石,刚想坐下,没想到轰的一声,地动天旋,眼前的地面塌陷下去,洪水喷涌而出,顿时一片汪洋。村庄、田舍、草木全归于白茫茫的大水中。蒍老汉吓得腿一软,跌坐在地上,身上背的砂锅在大青石上摔成几瓣。这就是芍陂"地陷成塘"的来历,而蒍老汉摔碎锅的地方,便被后人称为"锅打店",久而传说,便又被叫成了"戈家店"。

这则传说是对安丰塘由来的幻想性解释，与芍陂产生的真实历史相去甚远，却蕴含着丰富的艺术想象力。尤其是百姓对待"龙"这一神物的态度和善恶有报的理解值得玩味，反映了民间百姓的生活状态和精神信仰。

4. 地名传说

安丰塘灌区自古文风盛行，历史悠久。在长期的发展过程中，形成了很多有趣的地名。而有些地名的来历颇为传奇，其中"驴马店"的由来就很有代表性。

安丰塘水源来自大别山余脉龙穴山一带，山水汇聚于老塘河再入安丰塘内。老塘河连接安丰塘的这一段河流又宽又深，人称"喇叭店"或"驴马店"。这其中有一段鲜为人知的故事。

话说很久以前，这里原本是个集镇，居民们日出而作，日落而息。但因集镇建在老塘河边上，河流无法拓宽，当地非旱即涝，人们的生活十分贫苦。在这个集镇上，有一个专门贩卖驴马的居民，叫张子和。由于当时交通、碾谷、农业生产都需要驴马出力，他的生意非常好，因此发了大财。张子和后来生意越做越大，集镇上的各类买卖，有一大半都是他家开办的。不知道从何时起，约定俗成，这里便被称作"驴马店"。这年春天，安丰塘畔因老塘河年久失修，无法引水，加之久旱无雨，旱情发展很快，土地干得冒烟。正在此时，张子和突然得了一种怪病，不能吃、不能喝，头脑昏眩，心中焦烦。请尽各方名医，均束手无措。这天夜里，张子和意外平静下来，很快沉入梦乡。不久，张子和在睡梦中闻到一股奇异的芳香，一位美丽的仙女飘然而至，来到身边对他说：

"我是安丰塘的荷花仙子，今天特为你的病而来。你生活的安丰塘畔土地肥沃，百姓本该丰衣足食，但偏偏因水源受阻，难以灌溉。大伙都生活困难，你又怎能幸免？如果能解除大伙的愁苦，你的病也就痊愈了。"仙女说完，便要离去，张子和一见，慌忙起身欲探究竟。那荷花仙子回眸粲然一笑，随手扔过一件东西，张子和闪身一把接住，不由惊出一身冷汗醒将过来。原来不过是南柯一梦。但他的手中也确实紧紧攥住一件东西，松开一看，是一粒硕大的、香喷喷的莲子。他细细回味梦中之事，心中很快打定主意。

第二天，张子和开始查勘旱情和地势，很快宣布把所有的店铺都迁移到别处去。另外，还让这里的居民搬离此地，一切花费由他承担。在他的号召下，乡邻积极配合，很快驴马店段一条宽宽的、深深的、呈喇叭型的崭新河道疏浚成功了，上游河水滚滚流入安丰塘中。从此，安丰塘畔旱涝保收，人民安居乐业。说也奇怪，自这段河流建成后，张子和的怪病竟不知不觉地好了，从此再也没有复发过。

这个故事叙述了安丰塘兴治过程的曲折，以富商大贾的经历为核心，展现了地名由来往往源自当地商业氛围和习俗，同时反映了古代劳动人民朴素的"善恶报应"观念。

5.民俗传说

最有名的民俗传说是"保义舞龙"传说。

保义是安丰塘畔的一个集镇。这里地处高岗，十年九旱，居民生产生活用水十分困难，民不聊生。一天，一位乞丐来到保义张姓人家门前，主人拿出草根树皮做的糊糊给他，乞丐很生气，认为主人拿他不当人待，等了解老百姓也忍饥挨饿的真相后，他不禁长叹一声"老龙王太不公平"，挥挥手走了。张姓人家从乞丐的言行中得到启发，于是决定在二月二"龙抬头"这天，舞龙祈求风调雨顺。后来保义的洪、黄、常、夏四姓在张姓的感召下也参与到舞龙活动上来，龙王得知后深受感动。于是开始保佑当地风调雨顺，百姓逢凶化吉。至此，每到二月二这一天，张、洪、黄、常、夏五大家族举行舞龙表演，每姓出一条龙沿街表演，祈求来年雨水充沛，风调雨顺，五谷丰登，久而久之，形成了具有当地特色的"龙灯会"。从此保义二月二舞龙习俗一直延续至今。

当然，除了上述几种传说之外，安丰塘畔还流传着反映当地人生活场景、世俗情怀的许多故事。例如，"甄姑娘与贾少年"的传说。

话说很久以前，安丰塘本是一座美丽的城池。城南头住着一户甄姓人家，甄家有一女儿，生得如花似玉。城北头住着一户贾姓人家，家有一个少年，长得俊俏倜傥。两家门当户对，天生一双。少年与姑娘暗自相恋。他们让丫鬟私下传书，山盟海誓，私订终身。可是，不曾想这个贾姓少年是个花心大萝卜，不久便移情别恋，另结新欢。任凭甄姑娘愁肠万断，苦苦相思，也丝毫不能打动贾少年。为了甩掉甄姑娘，贾少年设计将甄姑娘介绍给酒肉朋友赵公子，姑娘无奈答应了。而那赵公子本是个纨绔子弟，与甄姑娘幽会只为一时取乐，不久也将她抛弃了。甄姑娘万念俱灰，伤心欲绝。在一个明月当空的夜晚，她向明月哭诉了自己的不幸后，投井自尽。

　　姑娘的真诚和遭遇深深地感动了上天。一声雷鸣，古城陷落
成一望无际的水塘，这就是今天的安丰塘。而贾少年、赵公子被
深深地埋入塘底之下，受到了应有的报应。

　　这则故事指斥贾少年为人的虚伪冷酷，宣扬了善恶报应的理念，
反映了环塘民众的道德理想信念和善恶观。另一方面，这个故事也是
安丰塘起源的另一个版本，与此前坠龙被食，上天惩罚陷落有所区
别。从人物设定、故事发展来看，两个不同版本的安丰塘起源故事，
也有相似之处，那就是"陷地成塘"。这些传说揭示了环塘人民在艺
术想象心理上的微妙相通之处。

　　作为一种口头文学，有关芍陂的传说故事，具有极强的社会意
义，是今人了解当地水利历史及人文精神的一个独特窗口。它不仅是
环塘民众共同的历史记忆遗存，也是环塘民众日常生产生活的写照，
折射出当地民众真实的思想感情和朴素的伦理观念。

　　芍陂的传说故事，至今仍在安丰塘畔吟唱流传。正如赵阳先生在
其文章中所说："安丰塘传说从另一个角度记载了安丰塘的历史，总结
了这里的人民劳动斗争、社会斗争和日常生活的丰富经验，是人民自
己的百科全书。""安丰塘传说以当地人民群众的生产生活为特定条件，
容纳了他们创作的生活主题和艺术手法，展现了他们的思想、愿望和
理想，抒发了他们的欢乐与苦衷，揭示了他们辨别真善美与假恶丑的
道德标准，……真实、生动地折射出安丰塘各个历史时期的社会生活
状况。"[1]

---

[1]　赵阳：《安丰塘传说：淮南非遗园里的一枝奇葩》，http://www.huainan.gov.cn/
wap/content/article/18393438

第三篇
古陂价值发现：芍陂水利文化遗产的保护与传承

一、芍陂水利文化遗产的现状

中国自古以来就是农业大国，而水利是农业生产的命脉。人们依水而居，围绕水建构自己的日常生活和独特的地方文化气质。所谓文化者，人文教化之谓也！而水利文化的产生，从人类第一次与水打交道的那一刻便开始了。人们在长期的用水、分水、治水、亲水等活动过程中，形成了庞大的水文化体系，这一体系是中华文化重要的组成部分。

1. 芍陂水利文化遗产面面观

水利文化，是指人类在水的开发、利用和管理过程中所创造的物质和精神文化的总和，具体包括水利建筑及其附属物、水利行为与实践、水利制度与习俗、水利思想与精神等方面内容。[①]

芍陂水利工程兴建于 2600 多年前，在历史长河中留下了许多工程建筑遗迹、水事活动记载、水利制度与习俗、水利思想等。从整体上来看，芍陂水利文化遗产可以分为物质文化遗产和非物质文化遗产两部分。其中物质文化遗产部分包括芍陂水利工程本身、芍陂水利考古遗迹、与芍陂有关的历史遗存等。非物质文化遗产部分包括与芍陂有关的文学、艺术、民间传说，因芍陂而形成的生活习俗与信仰、人类治理、保护芍陂所形成的科技文化等。

我们首先来看看芍陂水利物质文化遗产。

芍陂作为中国库域型水利灌溉工程的鼻祖，是古代劳动人民勤劳智慧的结晶，是至今仍在使用的中国水利工程活态文化遗存，见证了中国不同时期社会、政治、经济发展的历程。

芍陂水利物质文化遗产由上游的引水渠道、滚水坝遗址、环塘大坝、放水闸门、泄洪闸门、孙公祠、水利碑刻、安丰故城，下游的灌溉分渠、灌区农田、灌区历史遗迹以及安丰塘出土的文物"都水官"铁锤、铁鱼叉等组成。这些物态的文化遗存有的已成为文物遗产，有的仍在发挥作用，但也有一部分没有得到有效保护。从内容上来看，芍陂水利物质文化遗产十分丰富，类型多样。尤其是工程主体仍在发

---

① 毛春梅等：《新时期水文化的内涵及其与水利文化的关系》，《水利经济》，2011 年第 4 期。

挥灌溉的效益，在国内陂塘型灌溉工程遗产中十分罕见。

芍陂水利的非物质文化遗产同样内涵丰富，包括如下几个方面。

（1）芍陂古地图：例如道光八年（1828年）的《安丰塘三支来源全图》。

（2）芍陂诗文艺术：以芍陂为题所形成的大量诗文艺术作品是非物质类水利文化遗产的重要组成部分。包括以水为题材的诗词歌赋、题词楹联以及围绕芍陂而形成的艺术遗产。例如著名书法家梁巘书写的《重修安丰塘碑》以及流传下来的大量芍陂诗篇。

（3）水利祭祀传统：明清时期每年春秋二季在孙公祠举行的祭祀活动。

（4）民间传说：与安丰塘相关的传说故事。

（5）安丰塘灌区的民间习俗与信仰：例如，"试牛"习俗。试牛又名"叫牛"。即新春之后，春耕开始，首次使牛。"试牛"时间不一，在安丰塘灌区北部沿淮一带，以种植麦豆为主，又因气温较县之南部偏低，故"试牛"较县南迟，一般都在农历二月二日开始"试牛"；安丰塘周边

孙公祠

现位于安丰塘北堤，坐北朝南，占地3300平方米，建筑面积约525平方米，现存有山门三间，还清阁（崇报门楼）上下两层6间，大殿3间，东西配殿各3间，配殿与还清阁之间是碑刻回廊，祠中尚有部分损毁的石质动物雕像等，再辅以围墙，形成了完整的祠宇制度。孙公祠始建时间，无确切记载。北魏郦道元注《水经》时，就已记载了孙公祠。据历代《寿州志》记载，明清以来，孙公祠迭有修葺。明万历年间，始置祭田，至清嘉庆年间计约90余亩，每年春秋两季，在此举行祭祀仪式。新中国成立后一度为地方学校教育之所，现已成为文物保护单位。该祠已成为展示芍陂千年历史的重要场所，是芍陂物质文化的重要组成部分。

地区，以种植水稻为主，稻收之后，田不能种菜者，均系冷浸空田，多栽早秧，试牛都在农历正月初六。"试牛"时，焚香一柱，插于田头，鸣炮、扬鞭，以示新岁之后，牛耕开始，稍行即罢。试后即正常使用。这是寿县地区农业社会的一项重要习俗，牛耕是农民得以进行生产生活的重要资产，这一习俗反映了灌区农业耕作中人畜关系的一种信仰，体现了劳动人民对牛耕的重视。

在安丰塘灌区还有一种叫"秧包饭"的习俗。寿地旧时，富裕农家开始拔秧，鸣炮下田，以示邻人"开始拔秧"。邻人闻鸣炮声，不约而来，下田帮助拔秧。秧田中心，原在下秧时，插标一行，名曰"秧标"。拔时人皆竞赛，谁先拔到秧标，谁是中午的座上客。助拔者，中午均在秧主人家吃饭，称之为"秧包饭"，瓦东一带也称之为"发黄米"。[①] 这一习俗反映了当地淳朴的农业生产关系。农民在插秧时既相互"竞争"，也互帮互助，形成一种和谐的人际关系，是典型的熟人社会下农民关系的生动写照。

除此以外，当地百姓还有吃"下昼饭"的习俗。吃"下昼饭"多在农忙季节。夏日冗长，农家或因抢水救秧，或因突击抢种，劳累过甚，故在下午四时许，做些鸡蛋、凉面等可口食物食之，名叫"下昼饭"。

这些民间习俗信仰，是寿县地区农民日常生产生活的展现，体现了劳动人民耕作的辛苦与快乐，具有浓郁的地方文化特色。

（6）芍陂的科技文化和规章制度：尤其是明清以来的筑塘技术以及清末形成的《新议条约》等。

芍陂早期工程应是以土坝为核心的拦水筑坝工程，较为粗放。随着时间的推移、人们筑坝技术的进步和生产工具的进化，当地治水技

---

① 寿县地方志编纂委员会：《寿县志》，合肥：黄山书社，1996年，第763页。

术也明显提升。到了明清时期，人们在修治安丰塘的过程中，已经有了较为成熟的工程技术。例如，芍陂原有 5 座水门，隋代时扩展到 36 门，明代水门有所增减，到了清代留存 28 门，这些水门数量的变化和位置的调整，体现了工程的科学性。一方面是适应灌溉区域的变动而进行的调整，以满足灌溉的需要。另一方面水门的变化也是对输水量和输水方向的调整，以更合理地分配水资源。不仅如此，在明代魏璋修治芍陂时，"疏其水门，甃石闸，覆以屋，贮关水纤索，俾谨开闭"。这种加固水门，盖屋以保护水门防止滥用的措施，保护了水门设施及纤索不被损毁，维护了用水秩序。清代卢士琛在督修芍陂时，"奉上宪咨调河南河工，日事挑筑，加打石硪，更锥以注水，验土虚实，晚注早视，水满则已，水消仍筑"，[①] 更是体现了筑堤的科学性。他通过晚注早视的注水方法，查验堤防是否夯实，是非常科学的筑堤经验，也是劳动人民长期实践经验的总结。

芍陂工程的科技文化还体现在滚水坝的设置上。滚水坝选址在芍陂的上游众兴集。由于山水骤至时容易泛滥，淹没两岸之田，在此地建滚水坝，可以减轻上游骤来之水，将多余之水西流入淠河，防止泛滥成灾。事实上，芍陂为应对洪水，还建有凤凰闸、皂口闸、文运闸、龙王庙闸等减水闸，这些闸坝的设立是科学防范洪水的重要措施，对于维护安丰塘的用水安全，防止溃堤具有重要意义。

在长期的用水实践中，人们也不断地总结出一系列规章制度。这些规章制度是芍陂水利文化遗产的重要组成部分。以光绪年间任兰生主持制定的《新议条约》为例，该条约对芍陂水利秩序的维护进行了详细的规范，从水利祭祀到水门启闭，从水利灌溉到岁修护堤，从禁牧禁渔到人员安排，从责任到人到关系协调，全方位地制定了水利规

---

① 夏尚忠：《芍陂纪事·名宦》卷上，清光绪三年版，上海图书馆藏。

◎ 安丰塘（摄影：叶超）

则。这些规章制度是芍陂水利文化的重要组成部分，也是环塘民众长期用水实践的产物，成为维护芍陂水利社会的制度基础。

　　重祠祀。春秋两季，各董须齐集孙公祠，洁荐馨香，塘务有应行修举者，即于是日议准。

　　和绅董。凡使水之户，无非各绅董亲邻，各有依傍。该董等务须和同一气，不得私相庇护，致坏塘规。

　　禁牧放。塘内时生水草，牧者皆求刍其中。水大时不便，内放往往赶至堤上，最易损堤。是后有在堤上牧放者，该管董事将牲畜扣留，公所议罚。牧牛之场，牧人各邀有牛之户，随时修补。若有损塌，即唯牧人是问。凡送牛者，宜各循牛路送至牛场，其不送至牛场即放者，有损塘堤，即罚送牛之户。牧人任牛损坏塘堤而不拦止者，即罚牧人。

慎启闭。塘中有水时，各门上锁，钥匙交该管董事收存。开放时须约同知照，祝字上门、祝字下门田多水远，须先启五日，迟闭五日。并三陡门水远，须先启三日，迟闭三日。若塘水不足，临时再议，他门不得一例。各涵孔不能上锁，亦同门一例启闭，违者议罚。

均沾溉。无论水道远近，日车夜放，上流之田不得拦坝、夜间车水，致误下流用水。违者议罚。

分公私。各门行水沟内，行者为公，住者为私，不得乱争，违者议罚。

禁废弃。门启时，田水用足，即须收闭沟口。水由某田下河，该管董事究罚某家，若系上流人家开放不闭，即究罚上流人家，不得袒护。

禁取鱼。各门塘堤内，有挑挖鱼池者，查明议罚。其现有鱼池，限半月内各自填平，违者议罚。塘河沟口如有安置坐罾拦水出进者，该管董事查知，务将罾具入公所，公同议罚。各门放水，如有门下张鳢，门上安置行罾者，亦将器具入公议罚。

勤岁修。每年农暇时，各该管董事须看验宜修补处，起夫修补。即塘堤一律整齐，亦不妨格外筑令坚厚，不得推诿。

核夫数。查向章某门下若干夫，遇有公作，照旧调派，违者由各董事禀究。

护塘堤。塘水满时，该管董事分段派令各户或用草荐，或用草索，沿堤用桩拦系，免致冲坏，违者议罚。

善调停。各门使水分远近，派夫分上中下。水足时照章日车夜放，上下一律。若塘水涸时，上下势难均沾，争放必生事端，尽上不尽下，犹为有济，上下不得并争，远者议罚。

凡应行议罚各款。如有不遵，公同禀官，差提究治，仍从重议罚，其有绅衿作梗者，禀官照平民倍罚。

罚出之款。交孙公祠公同存放，以备塘务之用，每年春秋二祭时，各董会集核算，以免侵渔。

祠内所存什物，不许借用，如有借用者公同议罚。

专责成。由老庙集至戈家店，派监生江汇川、戴春荣、王永昌、廪生史崇礼经管。戈家店至五里湾派文生陈克佐、监生陈克家经管。由五里湾至沙涧铺，派州同邹茂春、廪生周绍典、侯选从九、邹庆扬经管。由沙涧铺至瓦庙店，派监生邹士雄、童生王国生经管。由瓦庙店至双门铺，派监生李兆璜、文生李同芳经管。由双门铺至众兴集，派监生黄福基、李鸿渐、王庆昌经管。该门下有梗公者，该管董事约同各董，公同议罚。[①]

2. 芍陂水利文化遗产特点

芍陂水利文化遗产历史悠久。2600 多年前修建芍陂的孙叔敖或许没有想到，他的这一利民工程会延续数千年。在历史的长河中，这一古老的水利工程彰显了持久的生命力，不断演绎着一幕幕传奇。历代的修陂人，是这一水利工程的主角，他们上演了无数可歌可泣的治水故事，不仅为后人保存了这一古老的水利设施，更为后人留下了勇于开拓创新的治水精神。芍陂是中国进入到有文字可考的时代以来最

① 摘自清代光绪版夏尚忠《芍陂纪事·新议条约》卷下，上海图书馆藏。

古老的水利工程，并且延续至今。悠久的历史赋予了它丰富的人文典故和历史遗迹，使它成为"天下第一塘"。

芍陂水利文化遗产范围广阔。芍陂作为一个水利工程，不仅勾连整个地区的农业生产、居民用水，更对周边市镇的形成以及民俗信仰产生了广泛而深刻的影响。其水利文化遗产在空间上涵盖了上游来水区域、中游蓄水区域、下游灌溉区域。在时间上涵盖了古代、近代、现当代三个历史时期。可见，芍陂水利文化遗产无论在空间地理范围还是在时间范围上，覆盖都十分广泛，拥有广阔的地域范围和类型多样的文化遗产项目，是固态文化遗产与活态文化遗产有机结合的典范。

芍陂水利文化遗产价值巨大。任何文化遗产都有其存在的价值，芍陂水利工程作为"世界灌溉工程遗产"和"中国重要农业文化遗产"，其灌溉价值和农业价值不言而喻。它通过对区域水资源的合理配置，在农作物生长期的关键节点及时灌溉，维持了灌区农业生产的持续发展，为寿县成为淮河流域的重镇创造了必要条件。同时，这一古老的水利工程衍生出来的众多文化遗迹、历史故事、民俗风情，是当地百姓精神生活的重要组成部分，成为滋养地方历史文化的源泉。千年古塘作为前人留给当地百姓的宝贵文化遗产，早已成为他们生产生活的命脉，是维系寿县地方社会运转的"当家塘"。

芍陂水利文化遗产内涵丰富。作为一种文化遗产，芍陂至少涵盖两个层面的内容。首先，芍陂是中国历史最悠久的水利灌溉工程遗产。在历史上，芍陂是一座集引、蓄、灌、排为一体的陂塘灌溉工程，是古人因地制宜，科学蓄水，自流灌溉的典范。整个工程通过合理布局，在增加蓄水量的同时，扩充水门，科学调配水资源，达成了区域人水关系的协调。在中国传统农业社会中具有重要影响，在区域

◎　安丰塘放水闸（摄影：叶超）

发展史中具有决定性意义，也是我国水利工程可持续利用的经典范例。芍陂主要由引水渠、陂堤、灌溉口门、泄洪闸坝、灌溉渠道、孙公祠等组成，具有完整的工程格局和运行方式。环塘人民在此基础上形成了具有浓郁地方特色的民间习俗、民间传说、水利祭祀、民间规约等文化传承项目。它不仅是淮南地区水利灌溉第一塘，也是寿县人民的文化第一塘。

其次，芍陂是全球重要的农业文化遗产。众所周知，作为一种重要的农业文化遗产，必须具有悠久的历史渊源、独特的农业产品、丰富的生物资源、较高的美学和文化价值以及较强的示范带动能力。因为"农业文化遗产是一种以农业生产为核心，结构复合、生物多样性丰富、生物间以及生物与环境间相互联系构成的系统的、具有自然－社会－经济整体性的农业生态系统，它既保留了过去的土地时空综合利用的精华和传统，又随着自然、社会和经济的不断变化而不断适应和发展的一种'活态的'生态系统"①。芍陂及其灌区以种植水稻和小麦为主，盛产大豆、酥梨、席草、香草等上千种植物资源。灌区养殖牛、羊、鸡、鸭十分普遍，尤其特产皖西白鹅更是国家级畜禽遗传资源保护品种。灌区广泛种植席草，是中国四大席草生产地之一。灌区水资源丰富，所产鱼类资源达到近 70 种，鱼虾蟹鳝、蚌螺蚬贝，应有尽有。可见，芍陂灌区不仅历史悠久，而且资源丰富，是生物多样的典型地区。这一地区延续着千年耕作传统，同时又与时俱进，成为一个不断适应和发展的活态的农业生态系统。

二、芍陂水利文化遗产的价值

1. 历史研究价值

作为中国最古老的水利灌溉工程之一，芍陂流芳千古，泽惠一方百姓，历代记载不绝于书。这一水利工程是淮南人民治水实践和农业发展的历史见证，其本身就是一部活的历史教科书。芍陂工程的历史承载了无数兴废往事，留下了大量的历史文献资料。最早记载芍陂的《汉书·地理志》、嘉庆年间夏尚忠的《芍陂纪事》以及民国时期大量的档案资料，成为了解这一古老水利工程变迁的重要文献，也是今天研究芍陂乃至中国水利史的宝贵资料。此外，芍陂水利碑刻也是记载芍陂历史的重要物证，是今天研究芍陂的第一手资料。这些碑刻作为原始文献还为我们研究某一历史时期的社会综合状态提供帮助。尤其

---

① 李文华：《农业文化遗产的保护与发展》，《农业环境科学学报》，2015 第 1 期。

明清时期芍陂水利碑刻多记载当时人们修塘治水的事件。如《明按院魏公重修芍陂塘记》《本州邑侯栗公重修芍陂记》等碑刻，其内容既反映了芍陂兴衰废弛、发展变迁的历史，也反映了当时的社会政治、经济状况，是研究芍陂及这一地区古代社会的原始资料，具有重要的历史价值。除此而外，芍陂工程考古出土的"都水官"铁锤、铁鱼叉、堰坝遗址、滚水坝遗址等，不仅为汉代水利工程建筑找到了实物例证，而且更加具体地说明了古代劳动人民治水的功绩，也为研究那一时期的社会生产提供了有力的证据。因此，在某种程度上，芍陂工程的历史就是一部中国水利史的缩影，它在历史的深处用文献、碑刻、文物等见证了中国水利发展的脉络，是认识中国灌溉水利发展的活标本。

2.社会经济价值

芍陂水利工程自创建之日起，便产生了持久的社会经济效益。事实上，到春秋末年，经过楚国人民的不断经营，淮南地区逐渐成为楚国在东方的经济重心，寿春城也因为芍陂灌区的经济发展和交通便利而兴盛起来。战国末年，楚考烈王迁都寿春，也是因为这一地区农田水利的发展为建都准备了良好的物质基础。此后，芍陂虽屡经兴废，但其社会经济效益始终维持着。隋代赵轨将原有芍陂5门扩展为36门，扩大了灌溉面积，"溉田五千余顷，人赖其力"。为当时恢复社会生产提供了必要条件。到了南宋初年，虽然芍陂一度受到战乱影响而衰败，然而，"淮西为建康之屏蔽，寿春又淮西之本源"。因此，很快朝廷便任命赵善俊知庐州，"复芍陂、七门堰，农政用修"。据《宋会要辑稿·食货》记载，淳熙年间，安丰军（治寿春）水寨还成为南宋政府专设的与金人贸易的榷场之一。元代在芍陂地区的屯田，有良田万余顷，是全国重点屯区之一，芍陂屯户一度达到 14800 多户。元朝末年，红巾起义军建立的韩宋政权，于 1355 年迁至安丰，前后经营达 10 年之久。其迁至此处的重要原因之一，是安丰有芍陂屯田，有足够的积蓄，可以满足起义军的生活和军事需要。中华人民共和国成立以后，芍陂经过不断修建和改造，尤其是 1958 年被纳入淠史杭工程总体规划后，芍陂获得了稳定的水源，灌溉配套设施进一步完善，社会经济效益日益突出。目前，芍陂灌溉面积达到 63 万亩以上，灌区粮食亩产达到 468 千克。其水产养殖效益也十分可观，最高可达到年产鱼 12 万千克。此外，1972 年，安丰塘管理处开始在戈店安装小型水电站，年发电量达 10 万千瓦时。安丰塘在航运方面的效益也日益凸显。由于上下游干渠和支渠在中华人民共和国成立后得到彻底疏通扩建，通航里程达到 150 多千米，可同时通航木船和机动船只，年吞吐量达 20 万至 25 万吨。

3. 旅游文化价值

"西风十里藕花香，红蓼滩边鸥鹭凉。一带长堤衰柳外，家家渔网晒斜阳。"这首清代桑日青的《芍陂杂咏》，为我们展现了一幅芍陂地区民众的生活画卷。西风、藕花、鸥鹭、长堤、衰柳勾勒了芍陂的无边风景，而夕阳下家家户户晒出的渔网，让人感受到扑面的生活气息，这样一幅生动的生活画面是古代芍陂地区百姓安居乐业的真实写照。芍陂工程以其独特的水文化和历史底蕴著称于世，而这些构成了芍陂旅游文化资源的核心要素。

◎　安丰塘风景（摄影：叶超）

芍陂虽是古代的水利工程，但旅游资源相当丰富，具有很高的旅游文化价值。其旅游资源包括安丰塘、孙公祠、水利碑刻、安丰故城、引水故道、灌区风景等硬件设施，也包括有关安丰塘的民间传说、民间习俗和民间信仰。作为一所四面筑堤的平原水库，芍陂面积约为 4 个西湖大小。1988 年，芍陂成为国家级重点文物保护单位，2014 年成为省级水利风景区。烟波浩渺的安丰塘，风景秀丽。环塘堤岸，绿树成荫。沿堤水门林立，古色古香。灌区流水潺潺，稻花飘香，一派田园风光。塘水水质清澈，碧水连天，舟帆点点。加之孙公祠幽雅古静，古柏荫清，实为观塘览胜的绝佳去处。游客到此，既可临水观芍陂壮观，又可诣祠仰楚相遗风。流连之余，思接千载，在水光天色中回味它历久弥新的前世今生。

4. 文学艺术价值

古人利用江淮地区南高北低、水源丰富的地理环境，修造芍陂工程，灌田万顷，使淮南经济迅速发展，民享其利。这一伟大工程不仅得到后世百姓持续的利用发展，也引来无数文人墨客的歌咏吟唱，留下许多璀璨的诗篇和艺术瑰宝。

以陂为媒传深情。水，是人类情感寄托的最好载体。所谓"桃花潭水深千尺，不及汪伦送我情"便是最生动的体现。而芍陂的一泓碧水，同样是寄托千古文人思想情感的重要媒介。这其中最著名的是王安石的诗篇。虽然王安石可能并未到过安丰芍陂，但其《安丰张令修芍陂》《送张公仪宰安丰》两篇，却是"借陂传情"的绝佳诗篇，也是对芍陂水利的最好宣传。《送张公仪宰安丰》是一首临别赠诗，既表达了王安石对好友张公仪的离别之情，也寄予了"寿酒千觞花烂漫"时再相会的愿望。七言律诗《安丰张令修芍陂》则描绘了经过张公仪修治后芍陂一带"鲂鱼鲅鲅归城市，粳稻纷纷载酒船"的繁华之景，是王安石借修陂之事表达对张公仪的激赏之情，深情厚谊在字里行间一一展现。

以陂为美叙生活。翻阅有关芍陂的诗篇，不难发现吟咏芍陂之美的篇章不在少数。"楚相祠堂柏荫清，芍陂晴藻碧烟横。欲知遗泽流长处，三十六门秋水声。"（周光邻《芍陂楚相祠》）从视觉上将孙公祠的古朴雅静、芍陂的碧水连天一一呈现，又从听觉上通过"秋水声"去烘托泽流长远的意境。诗心与水色交会，视觉与听觉相融，将芍陂的美丽与价值完美呈现。又如桑日青的《芍陂杂咏》"水禽时掠浅滩飞，烟霭苍茫接翠微。好是轻风人放棹，红莲采得满船归"。苍茫的烟霭下，一众水鸟轻轻飞过，徐徐清风里放棹的渔民，满载红莲而归，一派恬静闲适的生活气息。作者以动静结合的手法，展现了芍陂上渔民的美好生活，将陂水滋养万物，哺育生灵的意象用富有诗意的笔调表达出来。

据不完全统计，有关芍陂的古代诗篇共计 100 余首，现当代诗文不计其数。这些诗词散文，或是歌咏芍陂的百里风光，或是描绘孙公祠的清雅高古，或是追怀孙叔敖的功绩，或是吟咏唱和之作，或是直接描述芍陂工程修治的情况，不一而足。这些诗文是芍陂水利发展的历史见证，是研究芍陂水利的重要文献资料。同时，这些诗文具有较高的文学艺术价值，其博赡的内容，独树一帜的类别，灵活的创作手法，丰富了中国文学艺术的宝库，成为中国水文化的重要组成部分。

1937 年前后，一篇名为《安丰塘环塘三字经》①（以下简称《三字经》）的民谣在安丰塘周边流传。尽管它未被载入《安丰塘志》中，但是对于环塘百姓来说的确是件"大事"。它真实、集中地反映了安丰塘的历史变迁风貌，是安丰塘民间纪实和叙事的史诗，传递着安丰塘环塘民众的心声与呼喊，也是一篇思接千载、文采飞扬的民间文学杰作。

《三字经》全篇 124 句，372 字，兹全录如下：

　　　　天之角，地之涯，人为贵，万物杂。

　　　　我黄种，亚细亚，想当年，有五霸。

　　　　孙叔敖，功劳大，造芍陂，救万家。

---

① 《安丰塘环塘三字经》文本，由寿县安丰塘镇上马桥人江传群根据记忆口述，上马桥人江传述整理于 2007 年 3 月。《三字经》创作于 1937 年，方川先生于 2012 年 4 月在安丰塘做田野调查时发现并进行了整理。此即方川先生整理之文本。文本整理过程中得到江传述、江传群、江奎合、江传全等先生的大力支持，在此深表谢意。

龙穴山，气脉发，众兴集，修滚坝。

往北来，凤凰闸，皂口闸，水东下。

孙公祠，丞相家，白果树，落乌鸦。

塘当中，出王八，牛路沟，出戈牙。

大混子，吃麻虾，五谷蛇，乱插花。

到如今，横糟蹋，刘应开，把门挖。

邹绍玖，罾不拔，这两事，发丫杈。

上马桥，有一家，问姓名，江筱槎。

无本事，有火叉，对不着，加一把。

吹口气，顺风刮，教小书，用白话。

开药店，卖朱砂，疗牛病，一把抓。

治疝气，葫芦瓜，近视眼，一糊塌。

戴眼镜，莫怪他，你们看，大笑话。

办学堂，王老化，周汉卿，反对他。

无门道，办稽查，私开会，依公法。

五里湾，设二衙，鸡窝里，生一鸭。

卫永虎，不受罚，李治勇，也害怕。

代笃谦，真圆滑，不招买，高身价。

江子鲲，会说话，徐甦生，赞成他。

黄晓舫，有些傻，公伸头，官司打。

发户名，一百八，见知事，只十二。

装新者，有一把，程明斋，打哈哈。

劝大家，回塘下，候批示，有办法。

安丰塘，如西瓜，不可破，在大家。

泥古腿，种庄稼，和尚头，敬菩萨。

走正路，莫歪胯，小毛孩，莫横插。

玩够了，要吃妈，劝同胞，防一把。

能觉悟，莫叽喳，从今后，和气吧。

经方川先生的田野调查、文献查证，《三字经》作者为民国时期安丰塘环塘士绅、儒医江筱槎。江筱槎，本名江世玺，据寿县档案馆所藏 2009 年 12 月编撰完成的《安徽寿县江氏家谱》载："江云章，字汉槎。……次子，世玺，号筱槎。生于 1874 年，生前以课读行医为生，卒于 1939 年下半年，葬于四川广安。生前著有《安丰塘环塘三字经》流传至今。"

5. 精神导向价值

在中国水利发展史上，古人凭借聪明才智，曾经创造了无数的水利工程。这些工程泽惠一方，造福百姓。但很多水利工程往往利泽一时，很快便淹没在历史的长河中。

芍陂水利工程却是中国水利史上一个特殊的存在，它罕见地延续了 2600 余年，至今仍在发挥巨大的灌溉效益。这一古老的水利工程之所以能够延续 2600 余年，与其悠久的水利精神是分不开的。

芍陂水利工程所衍生出来的水利精神包含三个方面。

首先是孙叔敖"敢为天下先"的精神。春秋时期，孙叔敖因势利导，利用地势，引西南山水汇注于东北平原之地，筑坝拦水，开创了修建平原水库的先河。"其功其德大且久也。"要知道，当时工程兴建

◎　安丰塘兴修水利场景（供图：叶超）

的条件非常有限，既没有现代的工程器械，也没有现代的测量技术。但孙叔敖仍然凭借丰富的工程经验，指导民众在江淮之间筑起了这一伟大水利工程。这种"敢为天下先"的开创精神一直激励着当地百姓。"兴一利而泽被当时，法垂后世，非贤者莫之能创。因其利而制存千古，惠及万民，亦非贤者莫之能继也。"[①]

　　其次，是历代的"治水护陂"精神。后世人民将孙叔敖的开创之功继承发展下来，不断对芍陂进行维护治理。他们通过疏浚河道、巩固堤坝、扩展水门、制定规则、完善管理等一系列手段，不断丰富和发展这一古老水利工程，逐渐形成了一套相对完善的管理运行体系，有效维护了芍陂水利工程的延续发展，为塘留半壁立下了汗马功劳。历代地方官员则通过立碑树传的方式，将"治水护陂"的精神传统不

———————————

① 《施公重修安丰塘滚坝记》碑，清同治五年立，碑现存寿县孙公祠。

◎　道光十八年的

《示禁开垦芍陂碑记》拓片

断强化延续，使芍陂在 2600 余年的发展中不至湮废为田。

再次，环塘民众休戚与共的契约精神。水利工程往往牵涉到周边民众的许多利益。芍陂自创立之始，凭借其得天独厚的水利条件，造福环塘民众。环塘民众也在长期的亲水、用水、护水实践中形成了共同的水利信仰，更在此基础上形成了共同维护芍陂水利资源的契约精神。这在芍陂水利碑刻和清代《新议条约》中体现得尤为明显。例如，道光十八年（1838 年）的《示禁开垦芍陂碑记》明确指出，芍陂塘中淤淀之处，无论是否已经开占，均不得插栽，"如敢故违，不拘何须人等，许赴州禀究。保地徇隐，一并治罪，决不姑贷"。而《新议条约》更是从 16 个方面，对芍陂水利这一公共资源的使用维护进行了详细的规定。正是在这种休戚与共的契约精神下，芍陂之泽，方能历千年而不竭。

芍陂水利精神，历久弥新。它是中国人民长期水利实践的重要成果，是水利文化的重要组成部分，是伟大劳动人民创造和传承的宝贵精神财富。如今，这一精神指引着当地百姓创新创业，环塘百姓治陂兴水的种种措施都是对这一水利精神的诠释和升华。在芍陂水利精神的孕育和陶冶下，安丰塘会有更加灿烂的明天，这一古老水利工程也会焕发出新的勃勃生机。

6.生态环境价值

芍陂水利工程通过山涧引水，拦水筑坝，形成大规模水域，是经过人工干预建立起来的水库，属于半自然生态系统。具有调节河川径流、发展灌溉、提供工业和饮用水源、繁衍水生生物、沟通航运、改善区域生态环境等多种功能。其生态环境价值不言而喻，对寿县地方生态系统的维持具有举足轻重的影响。

首先，芍陂水利对寿县地区水文与气候调节、水质与空气净化方面有重大影响。安丰塘自修建以来，对上游水资源进行有效调控，是上游洪水的下泄通道，其拦坝蓄水，对调节洪水和预防灾害具有重要作用。同时安丰塘也是当地地下水的重要补给源泉，对维护地区水资源的稳定起到了不可替代的作用。而安丰塘修建于寿县中部地区，其广袤的水面，纵横的沟渠，发挥了调节地方小气候的功能，其水体蒸发，能够提高局部空气湿度，诱发降雨、调节气温，缓解极端气候对人类的不利影响，对稳定和调节局部气候具有显著作用。同时，安丰塘水生态系统通过水体表面蒸发和植物的蒸腾作用，可以增加局部空气湿度，有利于空气中污染物质的去除，使空气得到净化。而上游大别山来水的不断输入，又使安丰塘水具有自我净化的功能，从而保持较好的水质。

其次，芍陂水利工程是维持寿县地区生物资源多样性的重要法宝。安丰塘上引山水，汇注一塘，下灌良田万顷。在其上游、中游和下游均生活着众多的生物种群。而生物的种群分布和聚落形成与水的时空分布有着密切的关系，生物群落随水的丰枯而不断交替、繁殖和死亡。安丰塘水流相对缓慢，水体含氧量相对较少，但营养物质却很丰富，其所滋养的动植物种类也较丰富。从《芍陂纪事》祠祀篇来看，安丰塘为周边居民提供了丰富的水生植物产品、水生动物产品及其他产品。例如鱼、虾、蟹、贝、莲藕、荸荠、苇蒲、席草、香草等，这些水生动植物又可为当地家畜、家禽提供饵料，从而为生物多样性的产生提供了条件，为天然优良物种的保护和改良提供了基因库，对维护生态平衡，保护生物多样性具有基础性支撑功能。

◎ 表10　安丰塘灌区生物多样性一览表①

类别		植物种类
粮食类		小麦、水稻、大麦、玉米、大豆、高粱、泥豆、黑豆、蚕豆、荞麦、豇豆、小红豆、山芋（红薯）
油料类		油菜、芝麻、花生、黄豆、蓖麻子、向日葵
纤维类		棉花、红麻、苘麻、苎麻
木类	建材类	松、柏、刺槐、国槐、椿树、麻栎、泡桐、法梧、山槐、合欢、榆树、楝树、青桐、乌柏、白杨、大观杨、红棣树、白柳、檀树、水杉、冬青
	经济类	木槿、荆条、杞柳、桑树、茶树、竹子
	果实类	枣、梨、苹果、核桃、樱桃、桃树、杏树、柞树、梅树、石榴、柿树、银杏、葡萄、棠梨、枸杞、丁香树

---

① 此表据《寿县志》和明清时期《寿州志》汇总而成。

类别		植物种类
瓜类		冬瓜、西瓜、南瓜、白瓜、菜瓜、茭瓜、包瓜、黄瓜、丝瓜、香瓜、葫芦、瓠子、甜瓜、苦瓜、西葫芦
菜类	家种	白菜、菠菜、芹菜、苋菜、韭菜、葱、蒜、辣椒、茄子、番茄、莴苣、萝卜、甜菜、藕、姜、豆角、蘑菇、木耳、扁豆、刀豆、马铃薯
	野生	小蒜、芥菜、马齿苋、地踏皮、蒿根、公鸡尾、杨芥棵、地豆子、竹梢、薇薇菜、老鸹嘴、苦菜、铁练草、刺苋菜
草类		兰草、巴根草、荸荠、茴草、芦苇、荻柴、浮萍、蒲草、水花生、狗尾草、黄蒿、老鸹筋、毛草、紫秆艾、涝豆子、拉拉藤、水浮莲、牛舌草、萁草、荸荠、菱、水葵、蕳草
花类	木本	夹竹桃、玫瑰、牡丹、腊梅、紫荆、百日红、木香、丁香、蔷薇、芙蓉、栀子花、月季、金银花
	草本	芍药、菊花、鸡冠花、金盏花、步步高、莲花、吊兰、海棠
药类		芡实、半夏、白芷、白芥子、白芍、枸杞子、杏仁、胡桃仁、紫苏、薄荷、大青叶、韭菜子、芒硝、皂角、柴胡、牡丹、香草子
类别		动物种类
鱼类		青鱼、草鱼、鲫鱼、鲤鱼、鲢鱼、鳙鱼、鳊鱼、鲂鱼、鳜鱼、鲚刀鱼、鲶鱼、乌鳢、黄鳝、泥鳅、银鱼等
鸟类		白头鹤、鸳鸯、鹊鸲、红隼、小鸦鹃、杜鹃、金腰燕、家燕、灰喜鹊、麻雀、鸬鹚、豆雁、赤麻鸭、针尾鸭、绿翅鸭、鹌鹑、布谷、乌鸦、啄木鸟等
爬行类		龟、鳖、青虾、白虾、米虾、中华绒螯蟹、蛇、青蛙等
家禽牲畜		牛、羊、鸡、鸭、白鹅、驴、马等
贝类		蚌、螺、河蚬等
野生动物		水獭、狐狸、山狗、蝙蝠、刺猬、野兔、松鼠、黄鼠狼、野猫、猪獾等

再次，芍陂水利工程对美化周边景观环境具有特殊价值。一般而言，水利工程会对流域及附近的山川、平原、农田、乡村、城镇带来影响。其对周边景观环境的塑造意义重大。安丰塘水库蓄水，水面增

◎　安丰塘灌区一闸控两渠工程（摄影：叶超）

大，航道变宽，形成水域型风景，使整体区域景观有很大改善。尤其安丰塘堤坝及其附近植被的普遍种植，使北岸成为绿树成荫的景观大道。而水门的仿古式建筑，又增加了古朴雅致的景观效果。随着支渠附近地域新的开发和规划，景色也将焕然一新。这一水域风景的形成，成为人们休闲观光，临水凭吊，寻古探幽的好去处。古往今来，优美的风景总是能令文人墨客为之倾倒，流传至今的众多安丰塘诗篇，也佐证了这一水域风景的独特价值。安丰塘虽然是一个水利工程，但对于寿县人民来说，更是一个亲水体验的绝佳去处，一望无垠的浩渺烟波是古人留给我们的宝贵财富。

三、芍陂水利文化遗产的保护与传承

1.芍陂水利文化遗产面临的问题

芍陂水利文化遗产作为中国最古老的农业水利文化遗产，目前已

拥有一系列耀眼的光环。这座古老的陂塘集世界灌溉工程遗产、中国重要农业文化遗产、全国重点文物保护单位、省级水利风景区等荣誉于一身。这些分量颇重的荣誉是对芍陂水利文化遗产地位的最好见证，彰显了芍陂在农业水利方面独一无二的历史传统和地位，是千百年来沿淮民众亲水、治水、用水、爱水的结果。当然，这一重要的文化遗产传承至今，也面临种种的问题。

首先，芍陂水利文化遗产保护规划尚不够健全。

据笔者了解，中华人民共和国成立以后，地方政府对芍陂工程的保护力度不断加大，出台了相关保护措施。早在 1984 年，寿县便将安丰塘、孙公祠列为县级重点文物保护单位，并制定了《安丰塘、孙公祠文物保护管理条例》，将塘堤、孙公祠、涵闸、斗门、植被等列入保护对象。1988 年，安徽省人民政府下发了《关于划定安徽省第一批九处全国重点文物保护单位的保护范围及建设控制地带的报告》，首次就芍陂保护范围和建设控制地带进行规范。当时明确指出保护范围："塘堤基脚以外 10 米处（孙公祠：南至安丰塘，西至团结支渠埂，北至庄台下以外 10 米处，东至庄台下以外 17.5 米处）。建设控制地带：保护范围界限外东、西、南、北各 500 米以内。"这是基于芍陂全国重点文物保护单位而采取的保护措施，对于 20 世纪芍陂水利文化遗产的传承和保护起到了重要作用。

进入 21 世纪以来，寿县地方政府不断加大对芍陂水利文化遗产的保护力度，先后出台了《安丰塘文物保护规划》《寿县水利文化建设总体规划》《芍陂农业水利文化遗产构成及价值研究报告》《芍陂农业水利文化遗产保护与发展规划》等，从文物、水利、农业、文化遗产等角度形成了一定体系的规划格局。但这些规划有些停留在概念性规划上，有些仅为某一领域的规划，没有从顶层设计上形成一个纲领性的符合实际的规划。值得期待的是，据笔者了解，从 2017 年开始，淮南市人民政府与河海大学等高校合作，开始系统编制《中国芍陂（安丰塘）保护与发展规划》，该规划分为 3 篇共计 17 章。其中"3篇"即为中国芍陂基础研究篇、中国芍陂规划发展篇和中国芍陂前景展望篇。"17 章"为研究总论、芍陂的历史沿革与功能演变、芍陂灌区的文物保护、芍陂 SWOT（态势）分析、芍陂保护与发展的诊断、规划总则、规划基础、中国芍陂规划需求、中国芍陂保护规划、中国芍陂发展规划、重点工程、资金筹措与投资估算、保障机制等。《规划》的定位是：保护芍陂现有历史遗存和文化遗留、发掘地域性特色符号、传承民族水利智慧、弘扬芍陂泽润淮南的历史地位、振兴芍陂的产业文化、铸就世界品牌。整体规划以陂塘为核心、以历史为主线、以文化为灵魂，提出了全新的"文化芍陂"建设任务，并制订了文化芍陂发掘和保护、民生芍陂传承和发展、生态芍陂修复和治理、艺术芍陂设计和建设、数字芍陂架构和实施、产业芍陂开发和推广等"六个专题规划"。规划范围基本涵盖寿县全域并分为"三个圈际"——芍陂及周边 1 千米左右范围为"核心圈"，面积 63 平方千米；安丰塘、保义、堰口、板桥、安丰、众兴等 6 镇为"辐射圈"，面积 763 平方千米；寿县大部为"协调圈"，面积 2160 平方千米。规划时限是 2017 年为基准年，近期为 2018 至 2020 年、中期为 2020 至2025 年、远期为 2025 至 2035 年。《规划》思路清、站位高、格局大、范围广，值得一赞。① 但由于目前该规划尚处于征求意见阶段，

① 叶超：《芍陂（安丰塘）保护与发展规划进入征求意见阶段》，寿县政府网站 http://www. shouxian. gov. cn/content/detail/5c20383968b750b6496dbb15. html

能否达到预期效果尚未可知。

其次，芍陂水利文化遗产保护呈现多头管理的局面。

安丰塘水源丰沛，事关寿县地区农林牧副渔等多种产业，可谓地方生产生活的命脉。因而这一水利文化遗产势必涉及多个部门的管理。例如安丰塘渔场由渔业部门管理，农业生产则涉及水利部门和农业部门，安丰塘及孙公祠的管理又牵涉到文物部门，安丰塘景区则又由旅游文化部门管理，环塘工程建设则又归属建设部门，安丰塘灌区及水质的环境保护又隶属环保部门。如此一来，安丰塘多头管理的局面不可避免，这种政出多门的管理格局，虽然可以通过议事协调的方式进行协商，但各个部门往往局限于自身的工作内容，开展既相互关联又各自独立的工作，无形之中制约着芍陂文化遗产的保护与发展，缺乏必要的统筹协调。因此，理顺关系，统筹管理，加强芍陂工程文化遗产的顶层设计是今后保护和传承这一世界级灌溉工程文化遗产的重要课题。

再次，芍陂水利文化遗产宣传不够，品牌价值没有凸显。

芍陂集多项世界和国家级文化遗产荣誉于一身，在中国水利史上，尤为特殊，即便放在大农业史的角度来看，也是非常难得的。这一方面源自芍陂悠久的历史和卓越的社会经济效益，另一方面也与其深厚的文化基因息息相关。时至今日，芍陂水利文化遗产日益受到社会各界的广泛关注，但从整体上来说，宣传仍然不够，其品牌价值没有得到充分体现。与闻名世界的都江堰水利工程相比，芍陂建成要早300年左右，是目前所知进入文明时代以来，留存最久且仍在使用的水利灌溉工程。不同的是，都江堰是流域型水利灌溉工程，芍陂是库域型水利灌溉工程。二者都是水利工程可持续发展的标志性工程，是

◎　安丰塘水务分局大门（摄影：李松）

中国古人用水、治水、护水、亲水的典范。然而，从二者的知名度和影响力上来看，芍陂明显稍逊一筹。早在 2000 年，都江堰便成为世界文化遗产，此后荣誉不断加身，现为世界灌溉工程遗产、全国重点文物保护单位、国家级风景名胜区、国家 5A 级景区等，都江堰放水节也成为国家级非物质文化遗产。甚至四川旅游打出了"拜水都江堰，问道青城山"的口号，将对都江堰水利文化遗产的宣传推向了高潮。可见都江堰在国内外的知名度和影响力远胜于芍陂。二者同为中国古老的水利工程，都对地方社会经济产生了重大影响，但其知名度、美誉度和影响力却颇有悬殊。这至少给了我们很大的启示：如何集中力量做大做强芍陂工程文化遗产，将这一重量级品牌宣传出去，让更多的人了解芍陂，了解这座库域型水利工程的前世今生，是我们需要认真思考的一项课题。

最后，芍陂水利文化遗产保护与资源利用的矛盾。

芍陂水利文化遗产在漫长的历史变迁中不断得到丰富，留下了数量众多、类型丰富、风格多样的内容。如今有关芍陂水利的形制规模、工程体量、历史遗迹、水门涵闸、文化遗存、诗文传说等仍面临遗产保护与资源利用的矛盾。芍陂主要的功能是水资源的有效利用。目前来看，对芍陂水资源的利用涵盖农田灌溉、航运、小型发电、渔业养殖、生态平衡的维护等，同时它还兼有防洪抗旱的功能。而安丰塘的水资源是有限的，它受制于上游淠东干渠的水量调控。如何将有限的水资源与快速发展的社会经济需求相匹配，是今后很长一段时间里需要解决的矛盾。与此同时，芍陂水利文化遗产的保护形势不容乐观，部分工程遗迹保护面临困境。例如芍陂上游地区修建于乾隆年间的众兴滚水石坝现已被废弃，湮没于一片垃圾之中。而环塘水门经过不断的改造，其原有风貌也已不可考。凡此种种，不一而足。芍陂水利文化遗产的保护面临较为严峻的形势。

众所周知，无论是非物质文化遗产还是物质文化遗产，都是一个地域的文化印记。芍陂水利文化遗产在某种程度上是寿县区域特性的表征，是地域身份认同和地域忠诚的根基，体现了一种区域共享的价值。因此，旅游文化部门会不断探索，有效利用这一宝贵资源，将芍陂的旅游文化价值挖掘出来，从而带动旅游文化产业发展，服务于地方社会经济。这种开发性的资源利用，可能会给芍陂水利文化遗产带来诸如环境破坏等不可预知的影响。因此，如何将资源的充分利用与文化遗产的有效保护结合起来，将是今后芍陂水利文化遗产面临的新考验。

◎　安丰塘围网养殖（摄影：叶超）

2.芍陂水利文化遗产保护的理念与思路

首先，顶层设计，规划先行。

在现代文明社会中，文化遗产受保护的程度往往体现着这个国家的文明程度。芍陂作为淮南地区标志性的文化遗产，是区域文化的代表，是当地百姓千百年来共同生活的命脉，是区域社会共同体形成的重要基础。因此，保护这一重要文化遗产，必须站在全新的历史高度，做好顶层设计，为芍陂的可持续发展奠定基础。这种顶层设计需要植根于芍陂的历史文脉中，着眼于人口、社会、生态、环境、文化等诸多方面，综合工程定位、工程功能、工程价值、工程文化、工程可持续发展等要素进行全新的规划设计，只有这样才能让这一千年水利工程彰显魅力，实现永续发展。正如前文所述，目前淮南市政府委托河海大学主持编制《中国芍陂（安丰塘）保护与发展规划》，对芍陂进行重新定位，开展全方位规划设计，涉及"文化芍陂发掘和保护、民生芍陂传承和发展、生态芍陂修复和治理、艺术芍陂设计和建设、数字芍陂架构和实施、产业芍陂开发和推广"等六个方面，涵盖了文物的保护规划，生态的保护规划，农业水利的规划，景观的规划设计以及数字媒体的规划等，内容较为全面，是今后芍陂水利文化遗产保护利用的重要纲领性文件。

其次，理清思路，健全制度。

任何文化遗产的保护和传承都不是一蹴而就的，往往需要几代人不断的探索和努力，需要地方社会持续接力，才能为后世留下宝贵的文化遗产。芍陂水利文化遗产也不例外，我们需要认清形势，理清思路，掌握目前芍陂保护与传承面临的问题，以问题为导向，查清芍陂水利文化遗产存在的问题，建立健全各项制度，规范开发行为，合理有序利用。尤其是事关芍陂工程遗迹、芍陂生态环境、芍陂资源利用的行为应上升到法律法规层面，从立法的角度加以解决，从而形成芍陂水利文化遗产保护的制度体系，为其永续发展保驾护航。

再次，构建机制，协同发展。

芍陂水利文化遗产，是以水为介质形成的工程文化载体。这一遗产内容丰富，类型多样，涉及工程本体、上下游历史遗迹、民俗传说、各类物产、生态环境以及在此基础上衍生的行为水文化和信仰水文化。如何对不同类型的文化遗产进行有效管理，形成可持续发展，便成为地方政府需要认真思考的问题。行之有效的应对之策便是构建水文化资源协同发展机制，也就是以水资源为纲，以文化为中心，以保护为基础，建立协同发展机制。对芍陂水文化资源可以从物质文化资源层面、非物质文化层面进行分类梳理，寻找其各自的载体，

◎ 安丰塘碑亭中的《安丰塘记》(摄影：李松)

然后进行由表及里的适度开发，让不同载体承担不同的功能，进而有效传承和保护这一古老的水利工程文化遗产。

3.苟陂水利文化遗产旅游资源开发的若干思考

自古以来，中国就是一个水文化大国，从早期大禹治水到如今各大水利工程的兴建，从老子"上善若水"的哲学思考到后世治水实践的不断发展，无不彰显了水文化的强大生命力。

五千年的历史长河里，勤劳的中国人创造了无数的水文化事象。

人们在观水、亲水、思水、用水、治水、爱水、护水的实践中，演绎出许多可歌可泣的精彩华章，为后世留下了无与伦比的水文化遗产。这些遗产是古人集体智慧的结晶，是今天实现中华民族伟大复兴的重要动力。

芍陂水利文化遗产以其优美的风光、宏伟的工程、良好的生态、悠久的历史以及灿烂的文化，成为重要的旅游文化资源，备受中外专家和游客的青睐。然而，她像是一位天生丽质的姑娘，深藏闺中，尚未为世人所熟知。如何有效地提升芍陂工程文化遗产的知名度和美誉度，突出其"天下第一塘"的历史定位，打出其独具特色的旅游文化品牌，成为亟待解决的问题。笔者认为，可以从以下几方面入手，进行全方位的包装和打造。

（1）倾力整合"名山""名水""名城"等文化遗产

物华天宝的寿县，北濒淮河，东依八公山，南抱芍陂，西临淠水，融名山、胜水、古城于一身。悠久的历史，在这里留下了许多著名的人文典故，寿县地区更有"地下博物馆"之美誉。因此寿县的旅游资源十分丰富。寿县古城拥有国内为数不多的保存完整的古城墙，古城内更有报恩寺、伊斯兰教堂、基督教堂、文庙、博物馆、留犊祠、护城月坝等景点。尤为重要的是当地居民至今仍生活在古城之中，从他们的日常生活习俗中可以窥见楚风遗韵。因此头顶国家历史文化名城光环的寿县，可以据此为中心，倾力整合以寿州古城为核心名片，以世界灌溉工程遗产芍陂、文化名山八公山为两翼的旅游文化线路，将名山、名水、名城融为一体，再辅之以淮南王刘安墓、淮南第一镇正阳关等文化旅游资源，统筹规划、系统设计，打造类型丰富、特色鲜明、环境优美、文化深厚、生态和谐的寿县旅游品牌。

（2）倾心打造芍陂文化"IP"

芍陂是中国最古老的陂塘，堪称"中国首陂"，是中国库域型水利工程的鼻祖。芍陂的每一处工程、每一处古老遗存都是一座水文化的丰碑，都是一部鲜活的水文化教科书，蕴藏着深厚的水文化内涵，是一个潜力巨大的文化"IP"。

因此可以从三个方面打造芍陂文化"IP"。[①]

其一，芍陂文化"IP"要根植地方社会的"土基因"。中华文明博大精深、历史悠久，每一块土地上都留下过独特的文化痕迹，形成了各具特色、各美其美的民俗文化。在深挖文化"IP"，发展文化旅游时，要多从本地文化"土基因"入手，多从本地名人佳作入手，打造有本地特色的文化"IP"，避免千篇一律、千景同色，出现"IP"撞衫现象。芍陂文化"IP"的打造同样需要结合寿县本土基因，将本地的农业文化、农业习俗、农业生产行为和农村生活场景融入其中，呈现独特的地方特色，才能吸引游客，才能吸引流量，走出一条差异化发展道路。

其二，芍陂文化"IP"要突出开放性。芍陂工程作为世界灌溉工程遗产，不仅是中国库域型水利工程的鼻祖，也是世界陂塘文化遗产的典范。我们在传承历史，打造芍陂文化"IP"时要具有国际视野，坚持开放性的价值取向，将书画、摄影、体育、文学、影视、网络、书籍、设计、雕塑、戏剧等多种形式融入其中，运用更多的手段和方式开发芍陂文化"IP"，使更多的流行元素融入其中，将芍陂文化"IP"打造成一个开放性、国际范的经典"IP"。例如，乾隆《寿州志》卷二《山川》中有诗曰："当春耕凿何缤纷，秧针刺水青如云；

---

① 吕玉玺：《文化"IP"热的冷思考》，《江西日报》，2019年7月31日。

陂泽自饶菱芡实,波光亦聚鹭鸥群。莲讴渔唱声四起,刍牧牛羊孳息
蕃;老农赢余包凶岁,恒业犹能养子孙。"这首诗以写实的笔调描绘
了寿州农业春耕的景象,真实地反映了安丰塘疏浚后寿州农业生产喜
人的事实。可据此请名家创作一幅巨型国画来表现其诗意,让诗词歌
赋、绘画雕塑成为芍陂宝贵的旅游资源,为芍陂文化"IP"的打造添
砖加瓦,从而加深游人的文化审美印象。

其三,芍陂文化"IP"要突出互动性。一个好的文化"IP"必定是
一个有活力的"IP"。在打造文化"IP"时,要注重时代性和互动性,
要让游客的体验融入文化"IP"的内涵中去,让文化"IP"越来越鲜
活、越来越丰富。芍陂文化"IP"的打造同样如此,游客的美好体验
和各类媒体平台的传播,能够为文化"IP"增添新的魅力。因此,芍
陂文化"IP"的打造要突出互动性,要让游客能参与其中,身临其境
地感受芍陂文化的魅力,并通过它来了解中国水利灌溉文化的前世今
生。例如,可以量身定做一台节目。在烟波浩渺、水天一色的安丰塘
上,斥资打造一台类似《丽江千古情》《云南印象》之类的水上实景
剧;或创排出一台极具地方特色,融歌曲、舞蹈、曲艺、戏剧、器乐、
民俗等为一体的文艺节目。创造出与众不同的、更具吸引力的芍陂文
化互动景区,让游客领略芍陂水文化的博大精深、源远流长。

(3)倾情演绎芍陂文化遗产

时代在进步,作为文化遗产的芍陂也要与时俱进,才能不被历史
遗忘。芍陂诞生于古楚之地,其周边风土人情所构成的地域文化是芍
陂文化遗产的重要组成部分,是打造芍陂文化"IP"的重要基础。芍
陂文化遗产只有与当地的风土民俗相结合,才能具有浓郁的地域特
色,独树一帜。

◎　安丰塘灌区稻田画（摄影：李松）

而如何演绎内涵丰富的芍陂工程文化遗产呢？[①]

首先，修复以"芍陂八景"等为代表的芍陂工程文化遗迹。安丰塘历史悠久，风景优美，现存有许多古迹名胜。著名的八大景点是：五里迷雾、老庙木塔、沙涧荷露、洪井晚霞、凤凰观日出、皂口看夕阳、利泽赏明月、石马望古塘。这些景点是芍陂景观的重要组成部分，可按照修旧如旧的原则尽快修复，以丰富、拓展芍陂景区内涵，吸引游客。同时对孙公祠及相关历史遗迹进行整合包装，将芍陂工程的物质文化遗产与非物质文化遗产进行有机融合，塑造景观的观赏性、知识性、趣味性和互动性，增加旅游的延时性。

其次，举办"芍陂水利风情节"。应深入挖掘夏尚忠在《芍陂纪事·祠祀》中有关安丰塘祠祀情况的记载，整理出祭祀活动的全过程，恢复传统水利祭祀活动，再现水利祭祀盛况。在此基础上举办"芍陂水利风情节"。每年春秋二季与"放水节""捕鱼节"等同时举

① 时洪平：《试述芍陂水文化的内涵及品味的提升》，《芍陂古水利工程研讨会论文集》（内部印刷），2013年。

行，将具有地方鲜明特色的戏剧、锣鼓、抬阁、肘阁等非遗艺术进行展演，演绎地方风俗民情，增加游客的参与度，提升游客的体验效果，以芍陂独特的水利文化气质吸引旅游者的视线。同时将安丰塘银鱼、毛刀鱼、鲢鱼、鲤鱼、鲫鱼、河虾、河蚌、莲藕、芡实、红菱、双门铺火灶馍等美食奉上，让游客在体验式旅游中感受地方物产的丰饶与芍陂水利的古老魅力。

再次，打造芍陂生态园。安丰塘良田万顷，水渠如网，环境清新幽雅。环塘一周，垂柳拂面，花红草绿。塘上烟波浩渺，水天一色，水清鱼乐，鸟类繁多。芍陂具有得天独厚的自然资源，是游客休闲度假的好去处。可以在此基础上，在濒塘西部或北部打造一个芍陂生态园区。一方面集中展示寿县地区的农耕文化，将地方乡村景观融入其中，凸显田园风貌和民俗民风。另一方面发展观光农业，在园区随形造景，将农业园区打造成生物多样性的展示平台，让游客在生态园中荡舟、游泳、垂钓、喂鸟，品尝美食，体验采摘乐趣，同时又能丰富游客的生物学知识，提升游客的参与度和体验感。

最后，营造芍陂"网红景区"新亮点。一方面可以整合相关旅游资源，打造"山（八公山）—水（芍陂）—城（寿县古城）"两日游或三日游精品旅游线路。加大景区配套设施建设力度，积极升格景区等级，让芍陂（安丰塘）成为来淮南旅游的必游之地。另一方面，利用互联网、自媒体等宣传手段打造"网红景区"新亮点。通过抖音、快手、哔哩哔哩等自媒体平台，宣传推介芍陂工程文化遗产，让更多的人了解芍陂、认识芍陂，领略芍陂水文化的博大精深、源远流长。再有，需要积极将芍陂文化"IP"推介出去，挖掘热点文化事件和周边文化名人，或借助体育赛事、热播影视作品等文化"IP"来丰富芍

◎　安丰塘灌区稻田画（摄影：李松）

陂景区文化内涵，实现引"流"入陂。例如可以举办"环塘国际马拉
松"比赛、"环塘自行车大赛"以及端午"龙舟竞渡"大赛等，借此
提升芍陂（安丰塘）的知名度和美誉度。

　　当然，对芍陂水利文化遗产的保护是第一位的，传承与发展是第
二位的。我们在对芍陂水利文化遗产进行包装打造的时候，要处理好
两个方面的关系。

　　一是打造芍陂（安丰塘）景观时，要紧守"文物"与"环保"两
条红线。要全面抢救和保护物质形态的芍陂水利文化遗产，要按照
"修旧如旧"和"古貌恢复与有效利用"的原则，做到恢复工程原始
风貌与有效利用相结合，发扬与光大物质形态的芍陂水利文化遗产。

　　二是对芍陂（安丰塘）文化"IP"进行开发时，要注重弘扬"治

◎　道光年间《安丰塘来源三支全图并记》碑拓片

水、爱水、护水、亲水"的精神内涵，弘扬时代主旋律。将有关芍陂的民间传说、神话故事、名人掌故与文化创意结合起来，衍生不同的文化产品。通过舞台演出、影视剧制作、民俗表演、艺术创作等形式带动芍陂旅游产业发展，真正展示"天下第一塘"的风采。

第四篇

古城沧桑水文章：以寿县水文化为中心的考察

一、安徽水文化漫谈：从芍陂水文化说起

芍陂千载水悠悠，2600多年来，古老的芍陂以其坚韧的生命力，滋养着淮南大地，生生不息。其工程变迁、治水事迹、诗文传说、水利碑文、民俗信仰，无不透射出厚重的文化底蕴。从物质形态上看，这一世界灌溉工程文化遗产，不仅是古人留给我们的宝贵物质财富，更是中国水文化传承的"活标本"，它植根于安徽大地，是先秦时期人民群众治水实践的结晶。它的历史变迁，深刻体现着中国人与水为亲、与水为伴、与水为乐的智慧，饱含着人水和谐的丰富内涵。以芍陂为代表的安徽水文化，不仅彰显了安徽地区悠久的水文化历史底蕴，还以其"标杆"效应，对中国水利社会和传统文化产生了深刻影响。

潘杰先生认为水文化是中国文化的母体文化[①]，对中国社会历史发展产生了深远的影响，而安徽作为中国水文化的重要发源地之一，更是以其厚重而独特的内涵，为中国文化的发展演变做出了巨大贡献。

安徽地处暖温带与亚热带过渡区，自古环境优越，水资源丰沛。长江淮河横贯南北，五大淡水湖之一的巢湖宛如一颗璀璨的明珠镶嵌于江淮大地。全省地势西南高东北低，水系纵横，河湖密布。全省年平均降水量在773毫米~1670毫米，降水主要集中在6月~9月，但年际变化较大。全省水资源总量约为706亿立方米，水资源分布呈现南多北少的局面。

优越的地理环境孕育了安徽悠久的历史文化。虽然安徽建省较晚，[②] 但水文化却源远流长。

早在传说时代，"大禹治水"便与安徽结下了不解之缘。上古时期，滔滔洪水，肆虐百姓。大禹经过长期的观察，总结前人治水经验，提出了"疏导"为主的治水思路。他带领治水队伍，与洪水进行了艰苦卓绝的斗争，在淮河沿岸留下了"三过家门而不入"的佳话。大禹不仅治水有功，还与安徽境内的涂山氏联姻，娶涂山女为妻，更是在怀远涂山禹会村举行了象征王权统治的"涂山之会"，从而奠定了夏王朝统治的基础，开启了全新的文明时代。大禹治水，给淮河两岸留下了许多历史印迹。蚌埠怀远境内的荆涂二山、禹会村遗址和禹

---

① 潘杰：《以水为师：中国文化的哲学启蒙》，《江苏社会科学》，2007年第6期。
② 安徽在清康熙六年（1667年）建省。

王宫便是当年治水留下的遗迹。这些史迹和文化遗存是安徽水文化历史悠久的最好佐证。因此，探讨安徽水文化不能不从其历史底蕴说起。

1. 安徽水文化起源最早，历史底蕴深厚。

水是"生命之源，生产之要，生态之基"，也是文化衍生的本源。安徽水文化起源之早，从大禹时代便已产生。随着大禹地位的巩固和夏王朝的建立，大禹的功绩也传之久远，以至于后来"神州处处有禹迹"。有关大禹治水的故事也被广泛传播，成为千古传颂的佳话。此后，勤劳的安徽百姓在江淮大地上留下了许多可歌可泣的治水故事，涌现出了诸如孙叔敖等一大批治水人物，为后世留存了许多像芍陂一样著名的水利工程，诞生了一大批与水有关的文学篇章，更是衍生出了许多类如"上善若水"的哲学之思。钟毓灵秀的安徽，人才辈出。人们在长期与水相处的过程中，对水的理解不断深化，逐步掌握了水的特性，衍生出了丰富的水文化。悠久的历史，优越的地理环境，勤劳的人民，共同孕育了灿烂多姿的安徽水文化。

2. 安徽水文化层次最高，奠定了华夏水文化思想的基础。

安徽水文化不仅历史悠久，起源最早，在层次上也是最高的。早在先秦时期，便涌现了老子、管子、庄子等一大批思想家，他们从哲学层面对水进行了深入观察与思考，总结了水的特性，提出了一系列富有创建的哲学之思，使中国水文化达到了前所未有的高度，奠定了华夏水文化思想的基础。老子诞生于淮河流域的安徽涡阳，姓李名耳，著有《道德经》，是先秦时期道家学派创始人。《道德经》虽然不过区区五千字，却字字珠玑，而其中有关"水"的论述，尤为后人所

◎ 安丰塘进水闸（摄影：李松）

称道。南怀瑾先生说："上善若水"是老子人生哲学的总纲。读老子的言论，你会发现他是这样以水喻道的："上善若水，水善利万物而不争，处众人之所恶，故几于道。"至高品性的人犹如水一样，水善于滋润万物而不与其相争，停留在众人所厌恶的地方，这种品质更接近于道。诚哉斯言！天地间万物的生命无一不靠水的滋养而存在，无论什么生命体都需要得到雨露的恩泽才能萌生、发育、生长。水总是在默默地付出，甘居卑下。老子论道，用水做喻，并将其推崇到无以复加的境界。这种将水人格化的思考，对后世影响深远。他激赏于水"不争""处下"的品德，并在此基础上提出了为人处世的哲学："居善地，心善渊，与善仁，言善信，政善治，事善能，动善时。夫唯不争，故无尤。"

高尚的人，居住要像水一样善于选择自己的地方，心胸要像水一样善于容纳百川而深沉宁静，待人要像水一样无私仁爱，说话要像水一样平准有信，为政要像水一样公正平衡，做事要像水一样无所不及而又无所不能，行动要像水一样善于把握时机适时而动，因其不争，所以能免于祸患。老子由水的品格娓娓道来，为我们展示了一连串做人做事的行为准则，应该说水给老子的启迪和灵感是全方位的，在老子睿智的目光中，水是"道"的另一个代名词。善利万物的水无形之中成为老子构建"道"的思想体系的根源。老子通过对水性的观察和思考，进而将其上升到"哲学之水"的层面，使自然之水富含了社会性和人性。老子以水喻道，使人们对"道"的理解变得可感可触，从而为芸芸众生理解道家思想打开了方便之门。

继承老子道家思想衣钵的庄子也是安徽人，他出生于安徽蒙城，著有《庄子》一书，是战国时期道家思想的主要代表人物。在先秦诸子中，庄子是一位像雾像雨又像风的奇人。庄子生活的时代恰是礼崩乐坏、战争连绵的时代，现实社会中充满了尔虞我诈和欺世盗名的现象。庄子秉持了一种"独与天地精神相往来"的人生态度，超然物外，追求亲近自然、物我两忘、自由洒脱的"逍遥游"。细读《庄子》，你会发现，他与老子一样喜欢从水中感悟和阐发深邃的"道"理。但二者的不同之处在于庄子喜欢以水为题材，编成各种寓言故事来阐发深刻抽象的哲学道理。在《庄子·秋水篇》中，有这样一段话：

秋水时至，百川灌河。泾流之大，两涘渚崖之间，不辨牛马。于是焉，河伯欣然自喜，以天下之美为尽在己。顺流而东行，至于北海。东面而视，不见水端。于是焉，河伯始旋其面目，望洋向若而叹曰："野语有之曰：'闻道百，以为莫己若'者，我之谓也。且夫我尝闻少仲尼之闻而轻伯夷之义者，始吾弗信，今吾睹子之难穷也，吾非至于子之门，则殆矣，吾长见笑于大方之家。"

秋天到了，千百条涨满了水的河流注入黄河。黄河之水大涨，河面更加宽阔了。隔河望去，对岸的牛马都分辨不清。于是乎，河伯洋洋自得，认为天下的美景都集中在他自己这里。他顺着流水向东方行走，一直到达北海。向东看去，看不到水的尽头。这时，河伯容色一变，抬头仰视着海神叹息说："俗话所说的'知道的道理很多了，便认为没有谁能比得上自己'，这正是说我呀。再说，我曾经听说（有人）认为仲尼的学识少，伯夷的义行不值得看重。开始我还不敢相信，现在我亲眼目睹了大海您大到难以穷尽，如果我没有来到您的门前，那可就糟了，我将要永远被有见识的人嘲笑。"

这里，庄子用涨满水的黄河与"不见水端"的北海相比。起初黄河之神河伯看到自己浩荡东流的样子，以为天下之水都不能和自己相比，骄傲之情溢于言表。当他看到浩瀚无垠的大海时，才发现自己是多么的渺小，瞬间感到汗颜。庄子借助这则寓言，将有限的现实和无限的"大道"进行比况，告诫人们必须走出自己的小天地，以敬畏的心态看待他物，才能领悟"万川归海"的道理，才能悟出超越时空、因果、条件的"无形之道"，否则将贻笑大方。

庄子借水之特性，还教会我们"明心见性"的修行之道。且看庄子是如何说的：

万物无足以铙心者，故静也。水静则明须眉，平中准，大匠取法焉。水静犹明，而况精神！圣人之心静乎，天地之鉴也，万物之镜也。夫虚静、恬淡、寂寞、无为者，天地之平而道德之至，故帝王圣人休焉。休则虚，虚则实，实则伦矣。虚则静，静则动，动则得矣。（《庄子·天道》）

人莫鉴于流水而鉴于止水，唯止能止众止。平者，水停之盛也。其可以为法也，内保之而外不荡也。（《庄子·德充符》）

靳怀堾先生认为庄子通过对水的观察，发现了静水与体道之间的契合点：水之平、静、清、明，与"虚静、恬淡、寂寞、无为"的人格修养别无二致。圣人之心须如静水一般，才能达到无忧无虑无为的心境，才能接近道。庄子以静水能观照万物的特性，譬喻心静则可以察天地之精微，万物之玄妙。[①] 从水中悟出哲学大道，这是其毕生追求"逍遥游"的结果，也是老庄思想师法自然的表现。

安徽水文化层次之所以最高，不仅在于老庄对水的哲学思考，更在于《管子》一书对水的深刻理解和把握。

《管子》一书，据考证是管仲学派集体智慧的结晶，其中记录了管仲的思想，也有后人的创造与发展。管仲，安徽颍上人，春秋时期帮助齐桓公称霸诸侯。尽管《管子》"非一人之笔，亦非一时之书"，但其中不少篇章记录反映了管仲的治国理政思想，具有很高的价值。书中《水地》等篇关于"哲学之水""人性之水""治国之水"的论述，蔚为大观，达到了前所未有的高度，令人刮目相看。

---

① 靳怀堾：《图说诸子论水》，北京：中国水利水电出版社，2015 年，第 90—91 页。

《管子》论水，首先提出水是"万物之本原"的观点。这是中国思想史上第一次明确提出"水"是万物之本原的论断，是朴素的唯物主义思想。

《管子·水地》："是故，具者何也，水是也。万物莫不以生，唯知其托者能为之正。具者，水是也。故曰：水者何也？万物之本原也，诸生之宗室也，美恶、贤不肖、愚俊之所产也。"

意思是说：什么可以叫作具备一切呢？水就是具备一切的。万物没有不靠水生存的，水是万物的本原，是一切生命的植根之处，美和丑、贤和不肖、愚蠢无知和才华出众都是由它产生的。

"是以水者，万物之准也，诸生之淡也，违非得失之质也。"管仲认为水是世界的本源，是万物的始祖、根本和源头。他还首次提出了人也是由水生成的："人，水也。男女精气合，而水流形。"这一观点正是古代中国对世界本源进行艰苦探索的重要一步，比古希腊哲学家泰勒斯提出"水是万物之始基"的观点早100年左右。由此也成就了中国水文化深厚的哲学基础。

《管子》中有关水的论述最为重要的部分是政治经济方面。[①]

《管子》认为：治国理政，其要在水。"是以圣人之化世也，其解在水。故水一则人心正，水清则民心易，一则欲不污，民心易则行无邪。是以圣人之治于世也，不人告也，不户说也，其枢在水。"400多年后，另一位思想家荀子把上述的道理概括为："水能载舟，亦能覆舟。"《管子》中还进一步指出："故民迁则流之，民流通则迁之。决之则行，塞之则止。虽有明君，能决之，又能塞之。"（《管子·君

---

① 李宗新、李晓峰：《浅析〈管子〉论水》，《华北水利水电大学学报（社会科学版）》，2002年第3期。

臣下》）"不明于决塞，而欲驱众移民，犹使水逆流。"（《管子·七法》）

《管子》认为：水利关系国家的贫富和政治的危安。《度地篇》中说："善为国者，必先除其五害，人乃终身无患害而孝慈焉。""五害之属，水最为大。"在分析水灾的危害时说："控则水妄行，水妄行则伤人，伤人则困，困则轻法，轻法则难治，难治则不孝，不孝则不臣矣。"在管仲看来，要治理好国家必除五害，而"除五害，以水为始"。因为一旦江河失控，洪水就会泛滥成灾，而人民会因贫困而轻视法度，这样就难于统治了。为此，《立政篇》在谈到君主必须重视解决的五件大事时说："二曰沟渎不遂于隘，障水不安其藏，国之贫也，……沟渎遂于隘，障水安其藏，国之富也。"就是说，如果沟渠不能畅通无阻，水库不能安全存水，国家就会贫穷，反之，则国家会走向富裕。管仲认为，要除水害、兴水利，国家必须"置水官"。同时，《霸形篇》中详细地介绍了齐桓公和管仲处理水事矛盾的一些情况，主张要妥善处理诸侯国之间的水事纠纷，化干戈为玉帛，促进社会的安定。

凡此种种，反映了《管子》一书在水文化方面包罗宏富，博大精深。是书对水的哲学思考十分精辟，以水喻政，为后世树立了典范。对水利的高度重视，也成为后世效仿的楷模。

3.安徽水文化类型全面。

安徽水文化不仅历史悠久，层次极高，而且涉及的类型也非常全面。

（1）物态水文化品类齐全

安徽水文化类型多样，涵盖了除海洋文化之外的几乎所有类型，其中水形态文化方面，包含江河文化、湖泊文化、泉水文化、瀑布文化等，水工程文化则包含运河文化、陂塘文化、水库文化、堤坝文化、圩田文化等。

从水形态文化方面来看，安徽境内有长江、淮河、新安江三大水系。长江在安徽境内又称皖江，流经安庆、芜湖、马鞍山、池州、铜陵等地，并创造了灿烂辉煌的皖江文化，涵盖考古、哲学、宗教、政治、科技、文学、教育、戏曲等门类。皖江文化在近现代表现得尤为突出，涌现了一大批历史文化名人，演绎了内涵丰富、流派纷呈的艺术文化。尤其是以桐城派、黄梅戏、铁画艺术等为代表的皖江文化在晚清以来闪耀中华大地，成为中国文化体系中的重要一员。汪谦干先生认为，皖江文化具有源远流长、文化世家多、开放程度高、创新意识浓、辐射力强、发展不平衡和自主性不足等特点。①

淮河流经安徽北部地区，横贯阜阳、淮南、蚌埠、六安、滁州等地。在地理上，淮河是中国天然的南北分界线。因而淮河地跨南北，吸收了南北文化的特性，呈现兼容并蓄的特点。两淮地区物华天宝、人杰地灵，名人辈出，素有"走千走万，不如淮河两岸"的美誉。这里是中华文明发祥地之一，夏王朝的建立更是开创了世界东方文明的新纪元。此后，这一地区涌现了老子、管仲、庄子、刘安、三曹、华佗等一大批历史文化名人，为此地的文化昌盛奠定了基础。淮河文化有其自身的特点，主要表现在：一是具有南北区域文化的过渡性和兼容性；二是淮河在其文化传承中发挥着重要作用；三是安贫求稳的农

---

① 汪谦干：《皖江文化的内涵及其特点》，《安徽史学》，2005 年第 4 期。

业文化心态；四是尊君尚官的政治文化生态。①

无论是长江还是淮河，在安徽境内与地方风土人情相结合，逐步形成了独具地方特色的人文精神和民俗风情，产生了浓郁的地方文化，共同构成了特色鲜明的安徽江河文化。

安徽除了有大江大河，还有众多湖泊。五大淡水湖之一的巢湖便位居江淮之中。此外还有太平湖、万佛湖、颍州西湖、天柱山炼丹湖、升金湖、花亭湖、六安城东湖、城西湖、瓦埠湖、高塘湖、沱湖、女山湖、七里湖、高邮湖等一大批湖泊。而以巢湖为代表的湖泊文化是中国湖泊文化的璀璨明星。巢湖文化既有湖泊河汊、滨湖湿地、湖滨胜景、环湖丘陵、温泉池水等物质层面的水文化，又有历史上遗留下来的凌家滩遗址、水战遗迹（淮军水师战场）、水下古城遗址（唐咀水下城）、"九龙攒珠"古村落布局（洪疃村、张疃村）等兼有物质层面与精神层面的水文化，以及有"陷巢州"历史神话传说等精神层面的水文化。② 苏士珩认为巢湖文化特点主要有：第一，巢湖文化蕴含着"水文化"的丰富内涵，而又较"水文化"有着鲜明的地域特征和个性；第二，巢湖文化展示了源远流长的历史，有着厚重的文化底蕴；第三，巢湖文化饱含灵山秀水之气，孕育着人与自然的和谐精神；第四，巢湖文化秉承湖之浩瀚，体现其广纳百川、兼容并包之文化品质。③

---

① 房正宏：《淮河文化内涵与特征探讨》，《阜阳师范学院学报》，2015 年第 4 期。

② 褚春元：《环巢湖水文化资源整合与提升"大湖名城"品牌形象路径》，《巢湖学院学报》，2018 年第 5 期。

③ 苏士珩．前言//费勤松、余万春主编：《巢湖文化全书·教育文化卷》，北京：东方出版社，2010 年。

安徽水资源丰富，泉水和瀑布分布较为普遍，其中著名者有淮南的珍珠泉、怀远的白乳泉、和县的香泉、巢湖的半汤温泉以及黄山地区的温泉等，这些泉水或历史悠久，或为名人所歌咏，或形成了温泉洗浴文化，是安徽泉水文化的主要组成部分。安徽的瀑布分布主要集中在大别山区和皖南地区。如岳西县境内的彩虹瀑布，石台牯牛降的四叠瀑布，池州的百丈崖大瀑布，仙寓山的孔雀瀑布，黄山的九龙瀑、百丈瀑、人字瀑等。

古人对这些瀑布多有歌咏，留下了许多精彩篇章，例如黄山三瀑，兼有匡庐三叠泉瀑布和嵩山九龙湫瀑布之美，清代著名学者施闰章有诗为证：

> 匡庐三叠天下溪，嵩岳九龙称神奇。
>
> 何如此地独兼并，咫尺众壑蟠蛟螭。

这首诗通过对比的手法，对黄山的三个大瀑布进行赞美，令人神往。

除却上述自然形态的水文化之外，安徽还拥有大量的水利工程文化。例如淮北—宿州的隋唐运河文化遗存、淮南的安丰塘工程、宣城的佟公坝水利工程、霍邱的水门塘工程、歙县的渔梁坝工程、被誉为江南首圩的大官圩等，都是古代劳动人民在长期的用水、治水实践中创造的人间奇迹，是中国农田水利史上水工程文化的典范和代表。

（2）行为水文化内容全面

在行为水文化方面，安徽同样出类拔萃。人们的日常活动，离不开与水打交道，这便自然而然地形成了一系列行为水文化。勤劳的安

◎ 安丰塘北堤鸟瞰（供图：叶超）

徽人民在长期的生产生活实践中，创造了饮水文化、治水文化、管水文化、用水文化、亲水文化等蔚为大观的行为水文化。

饮水文化：我国最早的医学著作《黄帝内经》说："人以水谷为本，故人绝水谷则死。"先秦时期的管仲在《管子》一书中明确指出："人，水也。男女精气合，而水流形。"一语道出了人的日常生活离不开水。安徽很多地方出产茶叶，古人很早便用水煮茶，形成了各具地方特色的饮茶习俗。例如淮北临涣镇的饮茶习惯，始于明代，至今已沿袭600余年。时至今日你仍然会看到，临涣镇中心不过一里多长的街面上，汇集了10多家老字号的茶馆，终日门庭若市、茶味飘香。这里茶馆的沏茶用水，多来自古镇南端的龙须泉水，茶叶皆为六安茶棒，故名"棒棒茶"。

治水文化：悠久的历史为安徽留下了许多动人的治水故事。大禹治水自不必说。孙叔敖创建芍陂、水门塘，灌溉江淮良田，其功甚伟。刘馥对七门堰的治理，沈括对汴水的治理以及修复万春圩，苏轼对颍州西湖的治理，清代宁国知府佟赋伟修复佟公坝等留下了丰富的治水文献和事迹。这些治水人物不畏艰难，敢于任事，为民奉献的精神成为中国水文化里的一面旗帜。

管水文化：水利发展的过程事实上是人们不断对水资源进行有效管理的过程。管水文化在本质上是人们在分配、使用水资源过程中达成的某种约束性文化体系，是人们在水事活动中的一切管理行为，涵盖各类水利规约、约定俗成的规则、使水制度、用水禁令以及水利工程管理制度等。勤劳的安徽人在长期的治水实践中，逐渐形成了一系列管水文化。比较有代表性的便是明清以来对芍陂的管理。明清时期，芍陂逐步形成了岁修制度、"先远后近，日车夜放"的用水制度、工程财务管理制度，到光绪末年，更是形成了以《新议条约》为核心的管理制度，涵盖了芍陂工程管理的方方面面。另一个有代表性的是歙县地区著名的吕堨水利工程。在明清时期，由吕、郑两大家族制定的《吕堨条例》，对相关水事活动进行规范约束。这些管水文化的出现与发展，既是民众长期用水、治水实践的产物，也是民众契约精神的体现，是安徽人民在水资源管理和水利工程管理中的智慧创造。

用水文化：安徽境内河湖密布、水资源丰沛。先民很早就懂得驯服自然之水为我所用。2600 年前，孙叔敖利用地理环境，拦水筑坝，创建芍陂水利工程便是安徽人民善于用水的时代先锋。几千年来，安徽人创造了丰富的用水形式，用于日常生活、农业生产、交通运输、水力发电等。我们且看徽州人是如何重视和运用水资源的。

清道光《徽州府志·营建志·水利》卷 4 曾这样描述：

徽处万山之中，无水可灌，抑苦无田可耕，碗埆之土，仅资三月之食，而水利不可不亟讲者有二焉：其一，在塘堨也。地处陡峻，梯山而耕，河流之水不能激而使上，田在山谷，既远溪流，潴而为塘，乃资灌溉平坂之田；近溪流者乃得治堤防，筑而为堨；此以人力为天功者。其二，在河流挽运也。徽民之寄命于米商者，取道有二：一自江西之鄱浮，一自浙江之杭严；黟婺祁三县仰资江西，婺自曹港，祁自倒湖，其流皆南接鄱浮，小舟衔尾而上溪流，或通或塞，而米价之时贵时贱。因之东流胜舟之水，惟自黟邑鱼亭以下，会于休邑屯溪，入于渐水，合流六十里，至歙浦合扬之水下为新安江，以达于浙江，四面崇山峻岭，歙休绩三县之民，恃此一线河流运米济食，盖终岁泛舟不绝也。

此段文字描绘了徽州民众如何利用水利修建塘堨，以资灌溉，同时借助水道贩运米粮，以解决徽州地区粮食不足的问题。事实上，当时徽州水道不仅用于运粮，还是木材、茶叶等商品流通的重要渠道。可见徽州居民很早就学会了利用水利资源解决生存问题，并进一步借助水道发展贸易，这也是徽州商人走向全国的重要通道，是徽商成功的秘诀之一。

亲水文化：所谓亲水文化，是指人类对水所表现出来的渴望亲近的心理诉求、行为和特征，是人类亲水活动的文化反映。[①] 安徽人对水有天然的亲和力，因而很早便与水结缘，择水而居。无论是"走千走万，不如淮河两岸"的民谣，还是"天门中断楚江开，碧水东流至

① 中国水利文学艺术协会：《中华水文化概论》，郑州：黄河水利出版社，2008年，第161页。

此回"的诗篇，都反映了民众对水的亲近与欢喜。安徽人民在长期亲水的活动中，创造了许多独具特色的亲水文化，其中最为典型的是徽州地区的"水口文化"。按照徽州民间说法，水口是地之门户，故有"入山寻水口，登局定明堂"的说法。每个村落的水口布局设计，体现了朴素的美学元素，讲究天人合一，融入徽俗民情，使山水和谐，充满了无穷的活力。水口，不仅担负着村落入口、界定、防卫、休闲、绿化等功能，也是村民命运前程的一种精神象征。徽州人视建水口为创基业，以寄托美好的愿望。徽州水口一般位于村头或路口，是整个村子中风景最美的一角。山、水、树是徽州水口的三大要素。水口一般顺山形水势，或人工造景，有青石板路相接，与粉墙黛瓦相衬。水口处一般以桥、亭、堤、塘、树等相融合，形成水口树、水口桥、水口亭等，使水口散发着浓浓的人文气息。① 这种水口的布局，是徽州人亲水、爱水的表现，体现了徽州人民对自然与人类社会、人与水和谐统一的生存环境的不懈追求。

当然，安徽的亲水文化不仅体现在普通百姓对水的依赖和喜欢，还体现在文人墨客们对水的赞美与吟咏上。翻检历代诗篇，不难发现与安徽结缘的大诗人比比皆是。唐代伟大诗人李白生前多次进入安徽，对安徽的山水眷恋不已，留下了许多著名诗篇。仅《秋浦歌》便有 17 首之多。"渌水净素月，月明白鹭飞。郎听采菱女，一道夜歌归。"诗人以轻快的笔调，明净的色彩，描绘了江南水乡的生活气息，意境优美，生机盎然。许多诗人以空前的热情对安徽山水进行了无尽的赞美。"人行明镜中，鸟度屏风里"（李白《清溪行》），以白描的

① 方华：《水利与徽州水口文化》，《江淮水利科技》，2013 年第 4 期。

手法展现融入山水画卷的心境。"桃花潭水深千尺，不及汪伦送我情"（李白《赠汪伦》），则是李白借水抒情的绝唱。"独怜幽草涧边生，上有黄鹂深树鸣。春潮带雨晚来急，野渡无人舟自横。"（韦应物《滁州西涧》）更是唐人七绝的名篇。"故情但有吴塘水，转入东江向我流。"（王安石《封舒国公三首》）王安石借助吴塘水表达了对桐乡的怀念。宋代大文豪苏东坡在任职颍州时，直接脱口而出"我性喜临水，得颍意甚奇"，很快便泛舟清颍，与幕僚相唱和。而他的前辈欧阳修更是对颍州西湖、焦陂等水景赞不绝口。"焦陂荷花照水光，未到十里闻花香。焦陂八月新酒熟，秋水鱼肥鲙如玉。清河两岸柳鸣蝉，直到焦陂不下船。笑向渔翁酒家保，金龟可解不须钱。明日君恩许归去，白头酣咏太平年。"（宋·欧阳修《忆焦陂》）焦陂香飘十里的荷花，八月新酿的美酒及鲜美的鱼肉，简直太让人羡慕了。全诗洋溢着作者即将归隐田园生活的欣喜之情，也在无形中传达了与水亲近的一种兴奋和美好！

（3）精神水文化内涵丰富

安徽自古人才辈出，在思想文化领域曾独占鳌头，诞生了老子、庄子、管仲等一大批思想家。安徽人民在长期治水、用水、管水、亲水、乐水的过程中，发挥聪明才智，创造了内涵丰富的精神水文化。

这些精神水文化既有老子"上善若水"的哲学思考，也有《淮南子》"因水为师"的理性态度，更有大禹治水，不畏艰难，一心为民的勇敢精神。

昔年大禹面对"洪水横流，泛滥天下"的危难局面，勇敢担起了治水的责任。为了治水，他三过家门而不入，一心扑在治水事业上。尽管当时技术条件有限，但大禹善于总结前人治水经验，因势利导，

"疏川导滞"，使水归大海，体现了尊重规律，科学治水的精神。大禹艰苦奋斗，科学治水的精神代代相传，影响了整个中华民族的心理和文化，成为中华民族精神的典型代表。由此也衍生出了以大禹为代表的水利信仰，这种水利信仰是地方百姓对治水英雄的一种怀念，体现了安徽人民追终慎远、投桃报李的情怀。

在精神水文化中，安徽还诞生了大量与水有关的文学作品。《老子》《庄子》善于以水为喻，讲述道理。尤其《庄子》一书，文采斐然，写北冥、南海，比喻广阔但仍非绝对自由的人生境界。从水的美学角度比喻他物的例子还有很多。例如李白诗句"抽刀断水水更流"（《宣州谢朓楼饯别校书叔云》）比喻愁情挥斩不断的惆怅。宋代文豪欧阳修曾长居颍州，写下许多有关颍州西湖的诗词。例如，《采桑子》十首主要表现作者对颍州西湖风光的赞赏与喜爱。"绿水逶迤，芳草长堤""群芳过后西湖好""清明上已西湖好，满目繁华"等词句将颍州西湖周围草木花鸟的生机勃勃与湖水山色的秀丽繁荫描写得淋漓尽致，其中也渗透着欧阳修与友人观赏景色的怡然自得。这种以水为主题的诗篇佳作不胜枚举。既有"小风吹水碧鳞开"这种清新婉转的佳句，也有曹丕的《浮淮赋》这样雄浑豪迈的名篇。它们共同谱写了中国文学的华彩乐章。

二、古城水文化论略——以寿县为中心

安徽横跨长江与淮河，自然水系发达，资源丰富。先民很早就在安徽境内繁衍生息。巢湖边的凌家滩遗址是长江下游流域迄今发现的面积最大、保存最完整的新石器时代聚落遗址。说明5000多年前，

江淮大地便成为古人生活聚集之地。人们通过治水、筑城、迁徙、建章、立制，逐步诞生了一大批历史文化名城。这些历史文化名城，基本上都缘水而建，具有各自的山水格局，形成了独具特色的山、水、城风格。

梅契尼柯夫曾在《文化与伟大的历史河流》一书中指出："水不仅仅是自然界中的活动因素，而且是历史的真正的动力……不仅仅在地质学界和植物学界的领域中，而且在动物和人类的历史上，水都是刺激文化发展，刺激文化从江河系统地区向内海沿岸并从内海向大洋过渡的力量。"

因此，水的流动性和包容性，对地方历史文化进程有着深刻而显著的影响。人们对水资源的利用方式以及由此诞生的人水关系，共同构成了水文化的要素，进而衍生出五彩斑斓的水文化盛况。

安徽先民在长期与水打交道的过程中，勇于治水，创造性地开辟了芍陂、吕塌等水利工程；同时，人们在与水相处的过程中，善于总结水之特性，启迪智慧，在哲学的高度提出一系列与水有关的命题，震古烁今。

水，是人类社会发展的命脉，是人们聚合为城的基础条件。在安徽的众多城市历史中，以水文化著称于世的最有代表性的当属皖北的寿县和皖南的歙县。二者一北一南，代表了不同自然地理环境下，人们与水结缘、缘水建城的格局，发展出各具特色的水文化，堪称南北古城水文化的典范。

1. 地理场域：水与古城文化诞生的环境

寿县，古称寿州、寿春，位于淮河南岸、八公山南麓，东淝水从

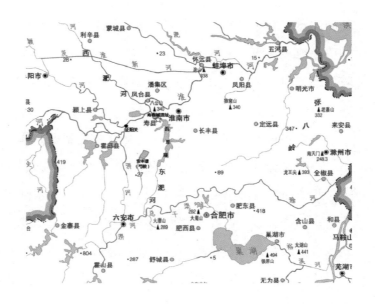

◎　寿春城遗址周围水系示意图①

东南向西北绕城而过，古城西边为寿西湖，西南方有大型水利工程芍陂（安丰塘）。依山傍水的独特地理环境造就了寿春古城的城市发展，无论从宏观角度的都城选址，还是从微观角度的高台建筑、给排水设施等方面，寿县古城的形成和发展与水都存在着非常密切的关联。

晋伏涛在《正淮论》中对寿春的地理环境曾有非常精彩的描述。寿春"南引荆汝之利，东连三吴之富。北接梁宋，平涂不过七日；西援陈许，水陆不出千里。外有江湖之阻，内保淮肥之固，龙泉之陂，良畴万顷。舒六之贡，利尽蛮越，金石皮革之具萃焉，苞木箭竹之族生焉"。这段话至少说明了两个问题：一是寿春古城军事地位非常突出，身处淮河南岸，可以凭依河湖之险，易守难攻；二是寿春古城所

---

① 蔡波涛、张钟云：《楚都寿春城水利考古研究的探索与思考》，《文物鉴定与鉴赏》，2019 年第 1 期。

处的位置交通非常便利，水利发达，是南北物质交换的集散地。这样的历史地理环境，造就了寿县古城在南北格局中的重要地位。而以芍陂为代表的水利的发达，造就了良畴万顷的基础，为此地成为南北"一都会"奠定了坚实的基础。

水是寿县古城的命脉，也是古城文化的重要载体。

环顾寿春城，其北面有八公山作为天然屏障，东淝水在古城的东、北两面形成天然的护城河，西南部分则河湖水网密布，良田沃野千里，物产丰富。如此优越的地理环境，加上孙叔敖在此创建芍陂，发展农田水利，为其在战国后期成为楚国都城奠定了基础。

从气候方面来看，寿县地区位于我国气候南北分界的过渡地带，属于半湿润季风气候区，受季风影响较大，每年六月即进入"梅雨"期，雨量增多，多年降雨量为903.2毫米。但在降水地区和时间分布上很不均匀，年际、年内的变化幅度很大。这一方面使本地区降水和地表径流量均较为丰富，另一方面比较集中的降水季节性和时空不均，导致较大的水旱灾害隐患。

寿县境内河湖水系发达。淮河自正阳关入境，东北流入凤台县，位于县北部边境。淠河是淮河主要支流之一，发源于大别山北麓，经六安入寿县境，淠河位于寿县西部地区，其东为良畴万顷的沃野平原。东淝河，源于江淮分水岭北侧，汇集大别山来水入境寿县，在白洋店以下称为瓦埠湖，流经寿县城北入淮河。东淝河位于寿县东境，与处于寿县西境的淠河遥相呼应。除了这些主要河流之外，寿县境内还有众多的陂塘湖泊。2600余年历史的安丰塘自不必说。位于古城之西的寿西湖，旧称尉升湖，地势低洼，每遇"淮水涨，则成巨浸，为城患"。① 而位于寿县西南的梁家湖、潭子湖、肖严湖、倪炭湖、朱家湖等均为地表水资源的重要载体。人工陂塘则有芍陂、荆塘、罗陂塘、桑陂塘、船陂塘等大小数十个。此外，寿县还有珍珠泉、马跑泉、观海泉、涌泉、九井、霸王井等地下水资源。密集的河湖网络和陂塘系统，使生活在此的居民每天都要与水打交道，由此衍生出了亲水、用水、治水、分水等一系列行为水文化和水习俗。例如，元明时期形成的祈雨习俗。据嘉靖《寿州志》记载，在元朝皇庆元年（1312年）十一月，地方长官面对久旱无雨的情景，率众在白龙潭举行祈雨仪式，虔诚之至，感动神明，于是"雷雨大作，沛然不止"，缓解了旱情。这种祈雨文化一直延续到清代，是传统农业时代人们水文化信仰的一种表现。

2. 灌溉贸易：水与古城文化的经济基础

水，是生命之源、文化之源、艺术之源、城市进步之源。作为城市存在发展的命脉，清澈的流水和波光潋滟的池塘，会给古城平添几分灵气。对于像寿县古城与歙县古城这样的历史文化名城来说，水犹如古城文化的灵魂，铸就了城市文脉的延续和发展。

在古城文化系统中，水是最寻常的，也是最不寻常的。

说它最寻常，是因为在古城文化里，水孕育了城市的发展，渗透到了人们日常生活的点点滴滴。人们的饮食起居、吃喝拉撒都离不开水。寿县，之所以历来成为沿淮重镇，为统治者所重视，是因为"江北第一水利"的存在。春秋时期孙叔敖创建芍陂，引山水灌田，奠定

---

① 朱士达修：道光《寿州志》卷四《舆地志下·山川》，北京：国家图书馆出版社，2010年，第175页。

了此后 2000 余年寿县地区农业生产的基本格局，使该地区成为农田水利发展的典范之地。人们在长期的陂塘治水经验中，逐步掌握了对水性的理解，形成了具有浓郁地方特色的灌溉文化。以芍陂为代表的陂塘灌溉工程的持续发展，为这里的稻作农业和农作物生产提供了可持续的水源，从而吸引越来越多的人群聚集于此地从事农耕生产。加之寿县处于淮河南岸，水系发达，交通贸易往来频繁，数度成为南北货物集散之地。发达的灌溉农业和重要的区位优势以及便利的交通条件，为该地区成为南北经济重镇奠定了必要的基础。

"寿近江淮，素称水乡。"[①] 这从寿县古城城门的四个题额中便可窥见一斑。寿县古城保留有四个城门，四门题额分别为南门"通淝"，西门"定湖"，北门"靖淮"，东门"宾阳"。仔细观察，你会发现，四个城门的题额都与水有关。寿县古城南门题额"通淝"，寓意使淝水通畅，就像当年寿春城一样，"傍淝水畅其流"。这是对于往日人与水和谐共存的一种惜念，也是对回归原生态的一种期盼和追求，是寿县地方人水关系的一种反映。西门题额"定湖"，则因西门外有寿西湖（古称尉升湖），由于古代每遇洪水季节，淮河水漫灌寿西湖，进而严重威胁城池安全，故而题为"定湖"，就是申言要使湖水风平浪静，不至于酿成洪灾。北门题额"靖淮"，乃是北门外紧邻淮河，"靖"字有安定、止息之意，就是要使淮水安定、不致形成水患。东门题额"宾阳"，其"宾"字，乃"宾服、服从"之义，"阳"为"阳侯"之省称，"阳侯"为传说中的波神。《淮南子·览冥训》："武王伐纣，渡于孟津，阳侯之波，逆流而击。"故而，"宾阳"二字可解释为使阳侯波神归服顺从而不为水患之意。

---

① 顺治《寿州志》卷三，清顺志十三年刻本。

◎　寿县古城北门靖淮门（摄影：李松）

说它最不寻常，是因为在古城文化系统中，水是命脉，是灵魂，是交通内外，滋养万物的源泉。寿县古城，依靠安丰塘水，灌溉良田万顷，发展农业生产，历史上多次成为朝廷重要的屯田之地，直到今天仍为国家重要产粮基地，哺育了淮南人民 2600 余年，恩泽匪浅。

3. 水利设施：水与古城文化融合的标志

作为中国历史文化名城，寿县古城与水的关系非同寻常。一方面它东临东淝河，西界淠河，北依淮河，南部腹地有安丰塘，水系环绕，加之季节性降雨，易发生洪涝灾害。历史时期曾多次发生大洪水，因而古城有着悠久的治水历史。春秋时期，孙叔敖引六安龙穴山等山水建成安丰塘，为这一地区社会经济发展奠定了基础。此后两千多年的岁月里，寿县人民一直勤于治水，形成了许多著名的水利工程。以安丰塘为代表的灌溉工程自不必说，单就古城内的水利设施而

◎ 位于寿县古城西北的"古月坝"水利设施（摄影：李松）

言，便堪称奇迹。在寿县古城内的东北角和西门北部，各有一个水利"月坝"。东北角的称为"崇墉障流"，西门北部的称为"金汤巩固"。根据光绪《寿州志》记载，早期寿州城内有三个涵洞，分别位于东北、西北和西南处。万历初年，位于西南处的涵洞便已堵塞不通，失去排水功能。而位于西北处的涵洞在万历元年（1573 年）大水时，因无人值守，导致大水漫灌，涌入城内，知州杨涧勒令附近居民堵塞重修，以保无虞。乾隆二十年（1755 年），时任知州刘焕重修涵洞，并创建月坝，使涵洞抵御洪水的能力大大提高。月坝与涵洞的创建与使用，一方面可以抵御城墙外洪水的倒灌，另一方面也有利于城内余水的排泄，一举两得，充分体现了古人治水的智慧。除此而外，古城四角分布着四个池塘水系，城中还散落着许多古井，这些水利设施，既便利了城中居民的用水生活，又能调节古城空气湿度，同时起到城市防火的作用。因而这些水利设施已然成为古城文化的重要组成部分，是人水和谐共处的标志。

4.民风习俗：水与古城文化生活

寿县作为千年古城，是吴楚文化交汇之地，又位处中国南北分界线淮河沿岸，自古文风鼎盛，民风习俗自成体系。这里诞生了中国最早最完整的"二十四节气"，淮南人民通过对天气、气候、物候的长期观察、总结，确立了一年之中不同时段的气候特点，以高度的概况性，划分了二十四个节气，这是淮南人民对世界的一大贡献。直到今天，"二十四节气"仍是寿县人民把握农时、增产增收的"行事令"。在"二十四节气"中有雨水、谷雨、白露、寒露、霜降、小雪、大雪七个节气直接与水有关。除此而外，许多节气衍生出了不少与水有关的农谚。例如立春时，"立春一日，水暖三分"，惊蛰时，有"雷打立春节，惊蛰雨不歇"之说，夏至时，"夏至风西南，路上水成潭"，"夏至雾茫茫，洪水漫山岗"。这些农谚是淮南百姓对日常生产生活经验的总结，也反映出当地民众对雨水多寡的高度关注，寄予了百姓千百年来渴望风调雨顺的心愿。

风调雨顺不仅依赖于对"二十四节气"的观察总结，寿县百姓还对当地的治水英雄进行祭祀，以求农田水利诸事顺利。最为典型的便是对安丰塘水神孙叔敖的祭祀崇拜。早在魏晋南北朝时期，芍陂附近百姓便建立孙公祠，缅怀这位治水英雄。到了明清时期，人们更是在春秋二季举行隆重的祭祀仪式，祈祷孙公庇佑，以求风调雨顺。这种以治水英雄为水神的崇拜，折射出当地百姓对水资源的依赖，他们希望通过水神崇拜的仪式来维护芍陂水利这一公共资源，继而实现水资源的共享共赢。因此，水不仅决定着当地百姓的生产生活，还决定着当地的政治生态和社会秩序。

◎　寿县北门外的护城河，居民在此捶衣洗漱（摄影：李松）

在两千多年的岁月里，寿县古城的人们留下了许多与水有关的民风习俗。例如，"二月二"的舞龙习俗，由古代求神祈雨的祭祀活动衍生出来的"抬阁""肘阁"表演，人们用水车车水时所哼唱的《车水歌》等，凡此种种，不一而足。人们在吃喝拉撒的世俗生活里，无形之中烙下了水的印迹。这些印迹以无形或有形的方式，影响着人们的行为，映照着人们的喜怒哀乐，继而迈向新的时代。

5.塑造再现：古城水文化的展示与未来

在古老的东方大地上，水对中国文化有着特殊的贡献，中国人对水也有着特殊的感情。在某种程度上，水贯穿了整个中华文化的发展史。自古以来，勤劳的中国人将水视为生命之源，对水崇拜，于水钟情，视水如命，因水而产生无限的遐想，形成了丰富多彩、博大精深的中华水文化。

寿县古城在历史长河里，依靠水得以持续发展。人们在长期与水打交道的过程中，形成了独特的中国水智慧、中国水知识、中国水经验、中国水技术。古城水文化的价值也正在于此。因此，有效选择、保存、承袭和展示其文化基因的"遗存之道"，可为中国水文化的存续和发展提供必要的支撑。从文化传承的角度上看，我们对于安徽水文化的挖掘、保护和发展还有很长的路要走。以寿县的水文化为例，如何传承发展此地的水文化遗产，一方面要摸清家底，对现有水文化遗产进行统计整理，做到心中有数。另一方面，要以新时代的眼光和视野承袭水文化，弘扬水文化，做大水文化，以特色鲜明的形象展示安徽水文化的风采。

首先，物质水文化景观化。以寿县为例，古城拥有大量的物质水文化遗产，如芍陂水利工程、古城月坝工程、护城河、正阳关水道等物态水利工程等。这些水利工程是水文化的重要载体，很多已成为人们游玩观赏的景点，因此有必要对相关的水利工程、水利设施进行景观化设计与保护，使其在保持水利工程效益的同时，与周边环境融为一体，成为人们亲水、赏水、戏水的风景区，或成为风景区中的一个重要内容，供人们玩水体验，观水览胜。

◎　天下第一塘碑亭（摄影：李松）

其次，精神水文化艺术化。寿县除了拥有许多物质水文化遗产外，还根植地方特色，孕育出了许多精神水文化。这包括当地的水利信仰、风水观念、文化传说、水利精神，以及涉水文艺与民俗等。如何有效地对这些精神水文化进行展示是一个重要的课题。最好的方法是对相关的精神水文化进行艺术化的加工与创造，结合地域特色，打造具有鲜明特色的水文化产品。例如，将寿县孙公祠举行的水利祭祀活动与春夏之交的放水活动进行文化再造，以舞台演出的形式，举行盛大的"放水节"，还原整个水利祭祀活动的全过程，再现昔年水利信仰与灌田万顷的盛况。不独唯此，还可以对历代治水故事所展现的治水精神进行艺术化的提炼加工，形成具有时代气息和历史质感的"水利精神"，加以包装宣传，引导人们在赏水玩水的同时，接受水文化的教育。

再次，行为水文化再现化。自古及今，历史文化名城寿县在构建人水关系的过程中，呈现出了许多行为水文化。这里既有城、镇、村选址的行为考量，也有治水亲水护水的行为展现，更有使水、用水规则的制定。这些行为水文化是人类长期水事活动的产物。例如，寿县地区的祈雨活动和民俗表演，可以通过艺术加工再现出来，展现当地民众对水的深情厚谊。当然，对于行为水文化，再现的方式多种多样，既可以是音乐舞蹈演出等视听形式，让观众有身临其境的体验和美的享受，也可以通过影视作品、文学作品、艺术作品的形式展现出来，让更多的人了解当地的行为水文化。在自媒体流行的今天，还可以通过"抖音""微博"等形式宣传水文化，带动更多的受众群体关注古城文化中的"水基因"。

最后，水文化遗产符号化。对于历史文化名城寿县来说，水文化遗产丰富，固然可喜。但如何将众多的水文化遗产维护好、打造好、宣传好，就成了一个难题。事实上，这也是许多水文化遗产丰富地区普遍面临的问题。我们认为不妨从"文化符号"的角度进行思考，提炼水文化遗产的文化符号，从而增加水文化遗产附加值。例如，对寿县水文化，可以从"中国陂塘灌溉工程鼻祖"的角度进行提炼，塑造"天下第一塘"的文化符号形象，进而在此基础上进行一系列的"IP"打造，使其成为中国乃至世界陂塘灌溉工程的标志性文化符号，推进"天下第一塘＋"战略，形成天下第一塘＋旅游、天下第一塘＋农业、天下第一塘＋养生、天下第一塘＋副业、天下第一塘＋创意等产业聚变，为寿县水文化遗产提供持久的生产力。

水文化的传承发展需要的不仅是专家学者一系列的创意，还需要各方面的联动协作。政府可以创新协同管理机制，由水利、文化、旅游、文物、农业等相关部门组成联席领导工作小组，设立水文化专项发展基金，出台政策，扶持引导社会资本参与其中。与此同时，创新人才培养机制，联合高校共同培养水利文化遗产管理、营销与设计等方面的专业人才，为水文化发展落地提供人才支撑。

水，作为事关国计民生的重要基础性资源，早已不再单纯服务于农业生产和居民生活。在新的历史时期，它已成为一种重要的战略资源，服务于国家的现代化建设。其所衍生出来的水文化，是中国传统文化的重要组成部分。安徽的众多优秀水文化资源，是先民留给我们的宝贵精神财富和文化遗产。当代安徽人应当在保护传承的基础上开拓创新，营造亲水环境，打造水文化品牌，建设若干水文化教育基地，让人们在观山览水之余，培育懂水、爱水、护水、节水的人文素养。以水为媒，广结四方宾客，提升城市的人文魅力和文化品质。

芍陂史事编年

公元前 613—前 591 年

据《后汉书·循吏列传》记载，庐江"郡界有楚相孙叔敖所起芍陂稻田"。"陂在今寿州安丰县东。陂径百里，灌田万顷。"又据《水经注》记载："陂周百二十许里，在寿春县南八十里，言楚相孙叔敖所造。""陂有五门，吐纳川流。"

公元前 122 年

《汉书·地理志》记载，九江郡辖寿春（今安徽寿县）等十五县，"有陂官、湖官"。

83 年

《后汉书·循吏列传》记载，庐江太守王景驱率吏民，修治芍陂，"由是垦辟倍多，境内丰给。遂铭石刻誓，令民知常禁"。

200—209 年

曹操领军驻合肥，派扬州刺史刘馥，聚逃散之民广为屯田，兴治芍陂，以资军食。

241 年

夏四月，吴将全琮决芍陂，与魏将王凌战于芍陂。

243 年

邓艾奉命在寿县一带广屯田，兴水利，清淤疏滞，修治芍陂；并于塘北堤凿大香水门，开渠引水，直达寿春城壕，增灌溉，通漕运。

268 年

十一月，吴丁奉、诸葛靓出芍陂，攻合肥，安东将军汝阴王司马骏拒却之。

280 — 289 年

淮南相刘颂抑强扶弱，大小勠力，计功授分，重修芍陂埂堤。

353 年

十一月，殷浩派部将刘启、王彬之讨姚襄，反而被姚襄所败，姚襄遂进据芍陂。

366 — 370 年

伏滔《正淮论》载："龙泉之陂，良畴万顷。"

404 年

诸葛长民与刘敬宣在芍陂击败桓歆，桓歆被逼单马渡淮河北逃。

405 年

毛修之修复芍陂，灌田数千顷。

406 年

颍川太守姚平都自许昌来朝，对姚兴说："刘裕心怀奸计，屯聚芍陂，有扰边之志，宜遣烧之，以散其众谋。"姚兴遂召其尚书杨佛嵩商量对策，杨佛嵩建议从肥口济淮，直趋寿春，纵轻骑以掠野，使淮南萧条，兵粟俱了。姚兴闻言大悦。

430 年

芍陂堤堰久坏，引水渠淤塞，夏秋常旱。豫州刺史刘义欣派殷肃修堤防，清淤塞，引淠水入塘，旱患得除。

480 年

豫州刺史垣崇祖为满足屯田需要，治芍陂田。

523 年

宣毅大将军裴邃于该年冬天修治芍陂。此后，其侄裴之横带领僮属数百人，在芍陂大营田墅，开豪强侵塘围垦之先例。

573 年

陈朝将领吴明彻率军来犯，卢潜领军赴援，无奈与属下意见不一。陈朝军队遂围寿阳，壅芍陂，以水灌之，寿春城池失守。

590 年

芍陂旧有 5 门堰，已荒秽，寿州总管长史赵轨，劝课人吏，补埂挑河，更开 36 门，灌田 5000 余顷。

760 年

据《文献通考》记载，肃宗时曾"于寿春置芍陂屯田，厥田沃野，大获其利"。

854 年

寿州岁数饥。豪门贵族决堤断流，侵塘占垦。义昌军节度使浑侃筑堤束水，塘水复盛。

998 — 1003 年

大水冲坏安丰塘。安丰知县崔立督修，逾月而成。

1023 — 1031 年

地方豪强侵塘围垦，水大则盗决塘堤以保己田。李若谷莅任寿州知州时，驱逐占垦者。每遇堤决，则调临塘诸豪强堵塞，盗决乃止。

1032—1033 年

安丰知县张旨，以工代赈征集饥民，疏浚 30 里淠源河和各支流，引水入塘；并以挖河之土修筑堤防，以备水患；整修斗门以利灌溉。

1051—1053 年

安丰知县张公仪大兴水利，开芍陂水门，修筑堤防，安丰一带丰收。

1076 年

刘瑾上书朝廷，认为宿州虹县万安湖小河、寿州安丰芍陂等地可兴置，欲令选官覆按，从之。

杨汲任提举西路常平，修古芍陂，引汉泉灌田万顷。

1136 年

冬天，杨沂中至濠州，张浚要求刘光世驻兵庐州接应杨沂中。杨沂中派统制王德、郦琼与贼将崔皋、贾泽、王遇奋战，皆败之。当时贼兵攻寿春府芍陂寨，守臣孙晖拒战，又败之。

1131—1161 年

王之道撰写《戎兵营田安丰芍陂札子》和《谒安丰军遗爱侯孙叔敖文》，对营田芍陂颇有见地。

1163—1164 年

陈洙出任安丰知县，修筑芍陂水利，百姓赖之。

1165—1173 年

赵善俊知庐州时，修复芍陂、七门堰等水利工程，农政用修。

1272—1341 年

江淮行省于安丰塘屯田，曾达 1.48 万户，年得米数十万斛。

1305 年

冬十月，诏令安丰塘占垦者输租。

1351 年

董抟霄任济宁路总管，奉命征讨安丰，他获悉有大山民寨及芍陂屯田军，便奖劳而约束之，并夜袭农民军，收复安丰县。

1356 年

汝、颍一带农民军渡淮南犯，帖木儿不花调芍陂屯军抵抗，但没有成功。

1414 年

户部尚书邝埜驻寿州，从蒙城、霍山征调二万民工修安丰塘水门16 座，补筑牛角铺至新仓铺被洪水冲塌的堤岸。

1436 — 1449 年

六安地主豪绅在朱灰革、李子湾两地引水河道筑坝，断塘水源，占垦建房。

1465 年

白玉守备凤阳时，心存惠爱，尝修复芍陂，兴水利，军民思之。

1466 年

修寿州安丰塘。

1483 年

监察御史魏璋巡按江北驻寿春，逮捕侵塘者判其罪，拆其所建房屋，收回占垦土地，恢复原来塘制。又拨官银一千余两，派陈镒、戈都、邓永督工，疏源通流，维修闸门，补筑堤岸。

三年后，地主豪绅复又占垦如故。

1489 年

江南巡抚李昂,闻塘被地主豪绅筑坝占垦,命将朱灰革 5 座堵坝拆除 3 座,李子湾 4 座堵坝拆除 2 座。时因立法未善,后又看管不严,仍占垦如故。

1547 年

安丰塘内南自贤姑墩,北至双门铺,全被占垦为田。寿州知州栗永禄,怜其垦区内已建有房屋、坟墓不忍拆除,挖沟为界,埋界石以限侵占。

次年,在安丰塘修建减水闸 4 座,官宇 1 所,疏水门 36 座。在塘内建环漪亭,立江北水利第一坊。

1568 年

安丰塘限垦退沟以北至沙涧铺,又被侵占为田。寿州知州甘来学,挖新沟为界。规定占垦者每年每亩交租一分。不久,新沟以北又被占垦。

1576 年

寿州知州郑琓,招募饥民,以工代赈,疏浚安丰塘引水河道,增修河堤,历三个月竣工。

1582 年

黄克缵莅任寿州知州时,安丰塘已被侵占十分之七。他一改前任退沟之法,怒逐新沟以北 40 余家垦田复为蓄水区;加高新沟以南旧有埂堤为塘上界。堤上立积水界石碑。此后 200 余年,未再发生越界占垦的情况。

1595 — 1617 年

安丰塘门闸荒芜,埂堤崩塌,十余年滴水不蓄。知州阎同宾莅任寿州，委州佐朱东彦，滁州守孙文林督工，疏淤滞，增埂堤，维修更新门闸，塘复蓄水。

1618 年

滁州守孙文林，见孙叔敖有庙而无祭田，捐俸置田 14 亩为孙公（孙叔敖）祠祭田。

明末，洪水冲决新仓，淤塞引水河道。塘内久不注水，茂草丛生，已 30 余年。

1655 年

李大升莅任寿州知州，征集千余人，疏河道，补堤岸，修门闸，筑新仓、枣子两座口门。十月，修减水闸 4 座。兵备副使沈秉公捐俸助理。

秋，别地皆大旱，唯安丰塘一带丰收。

1685 — 1695 年

安丰塘门闸、堤防损坏严重，致有豪绅 8 人密呈开垦。抚台已准，并将派员勘垦。环塘民众闻讯反对，呈送《请止开垦公呈》，详陈废塘开垦之害，开垦遂止，塘得幸存。

1698 — 1703 年

康熙三十七年（1698 年），寿州知州傅君锡委派州佐颜伯珣修治安丰塘。是年春，颜伯珣征民千人，会集于孙公祠，明确施工组织、职责范围、指挥办法，将原 36 座口门改建为 28 座，修筑了南北塘堤。

三十九年（1700 年）六月，整治沟洫。

四十年（1701 年）三月，修筑东北部塘堤，开复皂口、文运、凤凰、龙王庙 4 座减水闸，置守堰看管。六月，整修孙叔敖庙。十月，修筑西北部塘堤。十一月，筑枣子口门，依堤植柳树千株。

颜伯珣治理安丰塘后，编纂了《安丰塘志》，清嘉庆六年（1801年）以后失传。

1730 年

环塘士民按亩捐款，修皂口、凤凰两闸，建众兴滚水石坝，坝未成即被冲决。乾隆二年（1737 年）拨官银重建滚水坝，当年工竣。

1742 年

文运闸已废，闸下文运河淤被零星开垦。知州金宏勋变卖文运河零散淤田，在许黄寺和废安丰县址处购田 76 亩为孙公祀祭田。

1749 年

寿州知州陈韶，请上级拨款，派州捕厅卢士琛组织本地和上级征调的河南民夫，疏河道，清淤塞，补崩塌，增埂堤。筑堤时加打石硪，每日晚在堤上挖坑注水，次日检视，验土虚实，确保堤工质量，历时四个月竣工。

1761 年

寿州知州徐廷琳整修孙公祠。更换大殿木料和崇报门楼板，补修房廊。

1770 年

寿州知州郑基，修安丰塘凤凰、皂口闸及众兴滚水坝，蓄泄以时，民享其利。

1772 年

五月，环塘士民按亩捐款，修皂口、凤凰两闸，及众兴滚水石坝，又修缮孙公祠。

1778 年

六安州豪绅晁在典等 3 人，在塘上游拦河筑坝，断塘水源。六安州主奉命查办，晁等抗命不理。

1801 年

寿州人夏尚忠编纂《芍陂纪事》，分门别类记述了自秦汉以后，至嘉庆初年间，安丰塘"源流之通塞，埝堤之成败，门闸之因革，各朝之政事"。光绪三年（1877 年），凤颍六泗兵备道布政使任兰生，略加增删后刊印。

1802 年

春，塘堤崩塌甚多，塘内蓄水无处取土，近塘士民自愿捐土补筑。是年，皂口、凤凰两闸渐坏，众兴滚水坝亦倾。

1805 年

巡抚胡克家，令拆毁豪绅晁在典等在塘上游高家堰等处筑坝 8 道，并勒石示禁。

1826 年

邓廷桢任安徽巡抚，遇水灾，亲自勘察。修复安丰塘芍陂水门，疏浚凤阳沫河等水利工程。

1828 年

寿州知州朱士达与州同等捐银，并倡劝环塘士民捐助，重修众兴滚水坝、皂口闸、凤凰闸护坦，疏通中心沟，增补塘提、河堤，更换各水门石板、木桩。是年二月开工，九月竣工。余资重修孙公祠。

1838 年

江善长、许廷华等人，在皂口闸东垦田。总督命凤阳知府舒梦龄实地查勘后，责成寿州知州勒石永禁。

1865 年

九月，寿州知州施照，按亩征工修建众兴滚水坝。施工中，"熔米汁与坚安，次叠以砖，上覆以石，铁锭联络，无隙可间"。次年四月竣工，规模如旧。

1877 — 1882 年

1877 年，凤颖道布政使任兰生，拨款修塘堤、桥闸、沟坝、水门及孙公祠。

1879 年，拨款重刊《芍陂纪事》，附以《新议条约》计板 55 块，发至环塘民户。

1882 年，拨款修皂口、凤凰两闸及众兴滚水坝、孙公祠。

1889 年

巡抚陈彝拨款修治安丰塘。时，大士门废，添设永安门。

寿州州同宗能徵有安丰塘石刻"六禁止碑""寿州第一水利"碑及《安丰塘水源全图记》。

1921 年

寿县部分地方士绅，向安徽省主席吕调元呈请开垦安丰塘，遭塘周围民众反对，未遂。

1925 年

安丰塘首次塘民大会于农历五月十八日召开，通过了以机构设置、分段管理为主要内容的"表决案"。

1928 年

安丰塘主要引水河道淤塞，蓄水量锐减，灌溉面积仅六七万亩。

1931 年

6 月，塘民大会审查通过了《寿县芍陂塘水利规约》，并呈请官府备案，由寿县美生印刷局印制成册，发至环塘民户。

筹备成立安丰塘水利公所。公所采用委员制，委员由塘民大会选举产生，办公地点设在孙公祠内。

1933 年

寿县编制了《疏浚芍陂塘淠源及修筑塘堤计划书》，对安丰塘进行局部整修。

1934 年

上半年，安徽省水利工程处应寿县地方要求，派队测量安丰塘，历时两个月完成。

7 月，安徽省水利工程处据测量成果，编制《寿县安丰塘引淠工程计划书》，拟订出甲、乙两个方案，主旨灌溉，兼及防洪与航运。

1935 年

3 月，引淠工程开工，共完成土方 1.4 万立方米，工程未竟而停办。

5 月至 12 月，导淮委员会派队重新查勘测量安丰塘工程及灌溉区，编制了《安徽寿县安丰塘灌溉工程计划书》。计划项目含增培塘堤、增培塘河河提、疏浚淠源河、修建淠源河进水闸、修理泄水闸坝等五项。预算经费 13 万元。全国经济委员会核定并拨款办理。

1936 年

3 月 3 日，导淮委员会治下的"整理安丰塘工程事务所"成立。

4 月，疏浚淠源河工程开工，8 月 4 日完成，共做土方 40 万立方米，用款 5 万元。

11 月，导淮委员会致函安徽省建设厅，委托安徽省水利工程处代为募工，办理增培塘堤及塘河河堤工程。

1937 年

2 月 24 日，安徽省水利工程处在寿县正阳关镇成立"安丰塘堤工事务所"。

4 月 5 日，培修塘河河堤工程开工，设监工处于双门铺。6 月 15 日基本完工，做土方 1.37 万立方米。

5 月 1 日，导淮委员会与安庆陈宏记营造厂签订承包合同。项目为培修塘堤和淠源河河堤，建淠源河进水闸。

10 月 28 日，培修塘堤工程开工，设监工处于戈家店。至 12 月底，做土方 5.7 万立方米。因日本侵略军渐近工区，尚有 0.25 万立方米未做而停工。安丰塘堤工事务所亦停止工作。淠源河进水闸仅打五根基桩，亦因时局影响，于 12 月停工。

据沈百先著《三十年来中国之水利事业》一文载，安丰塘工程民国"二十五年一月开工，迄至二十六年十二月止，除淠源河进水涵洞尚未完成外，其余各项工程已告竣"。"环塘农田二十万亩悉得灌溉之利。"

1938 年

众兴集附近的塘河两岸，被沿堤农户侵占为菜园，阻塞河道。河水由滚水坝向西漫溢，小河湾、鲁家湾、甘家桥等地数千家农田被淹。

1940 年

安丰塘塘工委员会成立。委员会下设工程股和总务股，并有专人负责水文监测工作。

1941 年

众兴集南北居民侵占堤坡、堤顶为田，破坏堤型。塘工委员会主任王化南，率塘夫清理被侵占的塘河河堤，双方讼案迭起。

夏秋之际，大旱。地方人士皇甫道明、鲁振声等倡议放垦安丰塘。安徽省建设厅派技士与寿县县长至安丰塘实地查勘。旋由安徽省政府以建农字第4623号文，批准在塘南露滩处暂设小农场，种植耐水作物。

1943 年

6月至9月，安丰塘塘工委员会，先后呈请安徽省水利工程处，要求查惩毁坏安丰塘堤型者，勒复堤型堤界。要求拨款继续进行安丰塘整理工程。

1944 年

秋，奇旱。

10月18日至20日，安徽省水利工程处技士胡广谦和寿县建设科朱世镇共同查勘安丰塘，并编制修复安丰塘计划。

秋旱之际，寿县田粮处副处长赵同芳，向安徽省财政厅厅长桂竞秋呈报《寿县安丰塘官荒放垦计划书》。计划书称，安丰塘南半部有5万亩荒滩，拟划为50个范围，组织50个人民社团放垦圈圩。安徽省政府从其议，并选派专员筹建放垦机构。

11月，塘工委员会主任王化南、委员黄了白等，迭次呈诉于安徽省水利工程处处长盛德纯、导淮委员会委员长蒋介石，力辟倡垦者的不实之词，痛陈放垦之弊端。导淮委员会遂转请安徽省政府予以查禁。

11月，安徽省水利工程处，转印1935年导淮委员会编制的《安徽省寿县安丰塘灌溉工程计划书》。

1945 年

3 月 17 日，胡广谦向水利工程处呈报《查勘寿县安丰塘情形及意见报告书》，其内容含开源、节流、加强堤防、导引废水、处理塘滩及施工测量等，并认为，放垦塘滩实非上策。

10 月 13 日，安徽省政府电告导淮委员会："已将寿县安丰塘荒地管理专员办事处撤销。"

1946 年

8 月 3 日，蒋中正签发京会字第 1025 号训令，"转发寿县芍陂塘工委员会主任黄了白等呈之《寿县整理安丰塘工程复工计划意见书》"，重申禁垦事宜，并令淮河流域复堤工程局，"派员查勘设计、筹划施工，并将查勘情形及施工计划报核"。

12 月，淮河流域复堤工程局编制了《寿县安丰塘查勘报告书》，建议在六安城北下龙爪建进水闸，疏浚淠源河，整理塘河河堤，疏浚中心沟、边界沟，整修附属建筑物。

1947 年

5 月 12 日，淮河流域复堤工程局第三工务所，派员前往鲍兴集至下龙爪一段，对安丰塘引水渠引水口选址一事进行复勘，认为引水渠进水口以选在下龙爪为宜。5 月 31 日向导淮委员会呈报了进水口复勘意见及草图。

6 月 21 日，淮河流域复堤工程局向导淮委员会转呈第三工务所复勘安丰塘进水渠口报告书。复堤工程局认为，在下龙爪设进水口欠妥，可就原进水口上或下游附近另辟新道，拟容有测量成果时，再转请水工试验所决定。

1948 年

6 月，淮河水利工程总局派队测量安丰塘，以为规划整治张本。

1949 年

1 月，中国人民解放军解放了寿县。安丰塘由环塘农民协会保护和管理。

1951 年

中共苏王区委书记武崇祥召集环塘区、乡政府负责人会议，临时成立安丰塘水利委员会，并组织民工补缺口，清斗门淤塞。

寿县人民政府组织 3000 多名劳力，整修淠源河，引淠水入塘，解决 11 万亩水稻灌溉用水。

1952 年

整修塘堤、皂口闸、凤凰闸，以及众兴滚水坝，加固斗门，修建井字门渡槽、疏浚淠源河。至 1953 年完工后，引淠河水进塘流量 4—5 立方米每秒，灌溉面积 20 多万亩。

1953 年

5 月，正式成立安丰塘水利委员会，巩玉山任主任委员。9 月，调刘亚民任主任，有职工 8 人。

秋，六安地区治淮指挥部编制的《淠右灌区初步规划》，拟将淠源河进水口改建在六安城北下龙爪处，后因开挖淠河总干渠而未建。

安丰塘灌区管理委员会亦于是年成立，灌区内各区、乡人民政府分别成立区管理委员会和乡管理小组。

1954 年

淮河流域发生大洪水。安丰塘全年降雨量 1534 毫米，其中 5—8 月降雨 1081 毫米。原 28 座口门冲毁 18 座，损坏 10 座，部分塘堤塌陷。凤凰闸和皂口闸毁于洪水，未再修复。

洪水过后，六安地区和寿县水利部门，培训 20 多名收方员，对水毁工程进行查勘和施工，历时两个冬夏，复堤 17 千米，加固众兴滚水坝，重建了井字门渡槽。原 28 座口门整修后合并为 24 座。

1955 年

夏，戈店小学将孙公祠内一棵直径 2 米粗的银杏树锯掉制作教具。1957 年 6 月，该校校长因此事受到撤职和开除团籍处分。

秋旱，寿县人民政府组织 1000 多名劳力。在淠河鲍兴集处筑坝，截引淠水入塘。抗旱秋种 16 万亩。

1956 年

安丰塘水利委员会更名为安丰塘灌溉工程管理处。管理人员由 8 人增至 20 人。办公地点由戈店集迁往塘西北侧陈家祠堂。

1957 年

自皂口闸至瓦庙店一段塘堤，加高到 29.0 米高程。新建、改建灌区渠道 517 条，整修塘坝 140 多座，灌溉面积 36 万亩。

1958 年

淠史杭沟通综合利用工程开始兴建，安丰塘纳入淠史杭灌区总体规划。10 月，淠东干渠和塘堤工程开始施工，至 1962 年，淠东干渠通水。塘堤采取进建办法，加高培厚，高程 29.5 — 30.0 米，顶宽 6 米，蓄水量达 4000 多万立方米。

夏秋间，119 天不雨，塘坝干涸。中共六安地委和中共寿县县委，组织众兴、迎河等区民工 5000 多人，在六安鲍兴集筑坝，截引淠河水入塘，抗旱灌田 40 万亩。

12 月，为调节进塘水量，在杨仙铺南兴建三孔空箱式杨仙节制闸，流量 100 立方米每秒，于 1975 年双门节制闸建成后废。

12 月，建老庙泄水闸，1959 年 9 月竣工。

1959 年

5 月 15 日至 22 日，安徽省文物工作队在塘东北越水坝处，发掘一座层草层土叠筑而成的土坝，并出土铁制和钢制的工具、陶器、都水官铁锤等共 800 余件文物。经考古工作者鉴定，此坝建于汉代。

11 月，建戈店节制闸，设计流量 30 立方米每秒，次年 2 月建成。1987 年换木闸门为钢筋混凝土门。

1960 年

2 月，建老龙窝节制闸，闸为一孔石拱涵。1976 年拆除原闸，建一孔开敞式新闸。新闸孔宽 5 米，孔高 4 米，可通行 30 吨位以下船只。

7 月，安丰塘管理处副主任丁玉文，在抢堵老庙泄水闸漏水时牺牲，后经安徽省民政厅批准为革命烈士。

1961 年

6 月 18 日，因抗旱需要，淠东干渠由高堰泄水闸首次从淠河总干渠引水，经山源河和塘河入安丰塘。

冬，开挖正阳分干渠，按灌溉要求完成土方 96 万立方米。1974 年按设计标准续建完成。

安丰塘管理处始设十里碑、老龙岛、老龙头、杨仙管现段。

1962 年

开挖堰口分干渠，1965 年 5 月建成通水。

1963 年

废井字门，改建为老庙倒虹吸，直径 1.5 米涵 2 孔。1975 年增建直径 1.2 米涵 1 孔。流量共为 8.2 立方米每秒。

冬，开始对风浪冲塌较严重的塘堤堤段实施块石护坡，并试用预制混凝土块护坡。至 1966 年，共护坡长 15 千米。

开始在沿塘和干、支渠的斗门上安装启闭机。至 1965 年共安装启闭机 60 台。在支、斗渠上兴建放水口门 300 多座。

1965 年

安徽省水利厅在灌区内板桥乡实施水利配套试点。1966 年冬，因"文化大革命"而中辍。

1966 年

大旱。寿县七、八、九三个月累计降雨量 55.4 毫米。安丰塘从淠河总干渠引水灌溉，灌区内取得农业丰收。

1967 年

于江黄乡建江黄机灌站。

1968 年

安丰塘管理所革命委员会成立。

1969 年

6 月，制定《安丰塘灌压有关管理工作几项规定（草案）》，提出整个灌压水利工程，实行统一领导，分级管理的思路。

1972 年

在迎河集南建迎河泄水闸。闸为浮体式，担负淠东干渠泄洪任务。设计流量为 200 立方米每秒。1981 年改建为 3 孔开敞式直升门闸。

增设正南、杨岗管理段。老庙段改为看管点。

1973 年

10 月，联合国大坝委员会名誉主席托兰到安丰塘观光考察。

1974 年

11 月，淠东干渠续建工程开工。10.6 万名劳动人民上堤，整治堤长 68.9 千米。

在塘北堤坡栽 300 棵垂柳，25000 棵白杨，实行承包管理。但堤坡和堤顶栽树，不符合堤身防渗技术要求。

建杨西进水闸、双门节制闸，废杨仙节制闸。

1975 年

增设迎河、双门管理段。老庙看管点复为管理段。撤杨仙管理段。

安徽省水利局主持成立安丰塘历史研究小组，整理印刷了夏尚忠编著的《芍陂纪事》一书，分送省、地县有关单位存档。

1976 年

对芍陂东北西三面塘堤整修加固。

冬，中共寿县县委和县革委会组织 3 个区、26 个人民公社，以及县直机关、县城街道居民共 11 万人，实施塘堤护坡工程，经两冬一春施工，兴建塘堤干砌块石护坡长 25 千米，堤顶高 29.50 米，增做浆砌块石防浪墙高 1.5 米，堤顶高 31.00 米，蓄水能力由 5000 万立方米增加到 8400 万立方米。

1977 年

5 月，北京电视台与安徽电视台联合录制了《滔滔淠史杭》和《古塘新生》两部纪录片，分别在北京电视台和安徽电视台播放。

安丰塘灌溉工程管理处盖两层共计 660 平方米招待所楼。

1978 年

大旱。六月底，佛子岭、响洪甸、磨子潭三大水库蓄水放空，7 月至 10 月寿县雨量不足 50 毫米。上游无水进塘，塘干见底。为解决次年春灌用水，设刘帝临时抽水站，抽淮河水经正阳分干渠到淠东干渠下段，在戈店节制闸下安装柴油抽水机，三级提水进塘。两个月共提水 1500 万立方米，解决了环塘 30 万亩田 1979 年春季的育秧水问题。

1979 年

原安丰塘灌溉工程管理处所辖的木北分干渠划出，成立木北管理所。

1980 年

4 月 30 日，美国华盛顿大学历史学博士孔为廉教授到安丰塘考察访问。

6 月，罗马尼亚农业机械主任工程师米哈依到安丰塘参观访问。

1982 年

著名水利史专家郑肇经在《中国农史》第 2 期发表《关于芍陂创始问题的探讨》一文，肯定孙叔敖创建芍陂说。

1983 年

3 月 16 日，安丰塘灌溉工程管理处教育群众拆除塘堤上违章建筑物，迁、平坟墓等成绩突出，出席了淠史杭灌区首次先进管理单位代表大会。

6 月，双门节制闸在放水期间，启闭机发生飞车事故。职工陈泽利护机身亡。

10 月，中国科学技术工作者协会副主席、农业博士杨显东教授等到安丰塘考察。

1984 年

5 月，制作安丰塘碑。碑质为大理石，正面为《安丰塘记》，背面为安丰塘水源及灌区示意图。著名书法家司徒越撰文并书丹。

6 月，改建和扩建团结支渠长 15 千米。支渠和斗渠全面配套。

6 月 16 日，水利电力部副部长黄友若到安丰塘视察。

6 月 18 日，出席第二次全国江河水利志编纂座谈会的 27 个省、市代表到安丰塘参观、考察。中国地方志协会副会长朱士嘉题词："安丰塘历史悠久，工程浩大，经济效益显著，建议把它列入国家重点文物保护单位。"

8 月 22 日，中国农业电影制片厂来安丰塘拍摄《中国古代农业水利》纪录片。

11 月 5 日，寿县人民政府（1984 年）199 号文决定，将安丰塘和孙公祠列为寿县重点文物保护单位。

11 月 8 日，世界银行农业三处处长史密斯和专家韦因斯、郑兰生等到安丰塘考察。

1 月 14 日，安徽电视台到安丰塘录制《安丰塘纪行》专题片。1985 年 3 月在安徽电视台播放。

增设新庄、众兴、供拐管理段。

1985 年

3 月 9 日，时任国务院副总理李鹏、水利电力副部长杨振怀视察安丰塘。李鹏对中共寿县县委负责同志说："这是古人留给我们的一个宝塘，你们一定要管好、用好、建设好。"

12 月，环塘有 86000 多块护坡块石，56 块混凝土盖板，455 块预制板被盗。1986 年元月，中共寿县县委、寿县人民政府召开沿塘

区、乡干部会议，教育当事人如数交回，加以修复。后把塘堤划段承包给 29 个专业户看管。

1986 年

5 月 18 日，在安丰塘北堤东端，立起一块历史遗缺的"芍陂碑"。碑名由省考古协会理事、书法家司徒越书写。

5 月 19 日，中国人民政治协商会议和安徽省人民政治协商会议文物考察组、故宫博物院副院长单士元、国务院城乡建设环境保护部总工程师郑孝燮以及文化部文物总局、安徽省文物局等单位一行 5 人考察安丰塘，并题词："楚相千秋绩，芍陂富万家，丰功同大禹，伟业冠中华。"

5 月 23 日，中国水利史研究会、水利电力部治淮委员会、安徽省水利史志研究会，在寿县联合召开"芍陂水利史学术讨论会"。全国有关高等院校、水利史志研究单位的专家、教授、工程师共 30 多人出席了会议，宣读论文 11 篇。会议期间，考察了安丰塘古水源及有关水利工程。

5 月，在孙公祠南，距塘北堤 15 米塘内水面上，兴建 1 座四角两层古典式碑亭。由合肥市园林局设计，寿县建筑公司承包施工。

7 月 3 日，安徽省人民政府 51 号文件公布，"芍陂遗址"为第二批省级重点文物保护单位。

1988 年

1 月 13 日，国务院国发〔1988〕5 号文件公布，安丰塘为第三批全国重点文物保护单位。

1 月，中国水利学会水利史研究会、水利电力部治淮委员会、安徽省水利学会水利史志研究会联合编辑出版《芍陂水利史论文集》。

6月，寿县降雨18.9毫米，7月、8月高温，属空梅年份。

10月，对环塘25公里块石护坡全面翻修。部分防浪墙重砌，并对27座门闸除险加固。1989年4月竣工。

11月12日，安徽省人民政府下发皖政〔1988〕72号文件，对安丰塘保护范围和建设控制地带做出明确规定。

1990年

安丰塘塘中岛进行苗木栽植，并在双门、迎河、龙窝、新庄等塘堤之下育种苗圃。当年育苗20万亩，为灌区渠堤绿化奠定了基础。

1991年

淮河流域遭遇特大洪涝灾害。安丰塘降雨量达900多毫米。7月，安丰塘蓄水达到极限，瓦楼段、青莲段、淠东干渠朱果脯段先后发生险情，广大干群身先士卒，舍命抢修，完成了度汛任务。

1992年

4月—6月，安丰塘灌区发生旱情，双门闸下部分村民因关闭闸门围堵指挥抗旱工作的水利工作人员，水利职工本着大局意识，做劝解工作，受到县委政府肯定。

1994年

受厄尔尼诺现象影响，寿县境内出现长时段干旱少雨。淠史杭灌区三大水库蓄水量只有常年同期的三成。全县境内出现严重旱情，河道断流，沟塘干涸，农田龟裂。县委县政府深入一线积极抗旱，争取上级支持从淠史杭引水5.2亿立方米进入安丰塘，用以灌溉抗旱。同时大力提取湖河水，强化水源管理，由此降低旱灾的影响。

1995年

本年，安丰塘水产养殖场繁殖鱼苗产销首超亿尾。

本年，经县国资委批准，孙公祠产权划归寿县文物局管理。

从 1995 年起，寿县政府在安丰塘全面实施"五个二"工程，即投资 200 万元，完成土方 20 万立方米，浇筑混凝土 2 万立方米，植树 20 万株，增加水库蓄水 2000 万立方米。实际规划总投资 2207 万元，经费由县财政承担 30%，其余部分按照"谁受益，谁负担"原则由群众自筹，该工程在 1998 年完工。

本年，寿县水利局专门成立了节水灌溉工作领导小组，在安丰塘水库新开门支渠灌区推广了 0.301 万公顷。1996 年，在新开门、团结门、利泽门三条支渠灌区推广 0.506 万公顷。

1995 年 10 月，《安丰塘志》由黄山书社出版。

1997 年

4 月，根据寿县《关于淠史杭寿县灌区机构改革方案的批复》成立寿县水利电力局安丰塘分局，副科级单位，编制 152 人，下设 9 个管理段，8 个水利站，隶属寿县水电局。

1996 — 1998 年

经国家文物局、省文物局批准，有关部门对孙公祠古建筑群进行全面维修。国家文物局一次性拨款 80 万元用于修缮工程。1997 年底竣工，1998 年安丰塘史迹陈列展对外开放。

1999 年

安丰塘开始由养殖大户卢云租赁经营。同年，寿县调集 5 个乡近 6 万劳力，投资 700 万元对安丰塘水库环塘堤坝进行除险加固。

2000 年

寿县出现春夏秋"三季连旱"，为 70 年一遇的大旱。境内库塘蓄水量降至多年来最低值，安丰塘也不例外。淠史杭三大水库到 6 月下旬已基本无水可供。县委县政府举全县之力投入抗旱。先后成立瓦东灌区、瓦西灌区、安丰塘灌区等 5 个抗旱前线指挥所，积极争取从淠史杭引进水量 2.13 亿立方米进入安丰塘灌区缓解旱情。同时，灌区内抢打抗旱井 2600 余眼，使旱情损失大为减轻。

2001 年

5 月以后，安丰塘灌区再遭旱魔侵害，先后持续 2 个多月高温少雨。寿县境内库塘沟坝蓄水几乎用光。淠史杭三大水库蓄水少，引水困难。旱情急剧发展，据统计当年全县农作物受旱面积达 11 万公顷，因旱灾造成的损失达 6.93 亿元。

2003 年

7 月 21 日，安丰塘水库安清门放水涵出现窨腮现象，并形成水流通道，经当地干群及武警部队全力抢险，化险为夷。

2004 年

本年，安丰塘河蚬、河蟹、银鱼 3 个产品获农业部无公害产品产地一体化认证。

2006 年

本年，安丰塘大水面围网通过省级标准化生态养殖示范区验收，通过市级水产良种场验收。安徽省把安丰塘水库除险加固列为"重点民生工程"。国家投资 1.02 亿，工程于 2008 年 9 月开工，2009 年底竣工。

2007 年

经省文物局批准，原孙公祠更名为孙叔敖纪念馆。

本年，安丰塘水库开始向周边乡镇供水，供水取水口位于安丰塘分局南侧 400 米处，设计日供水量 0.5 万立方米，目前最大日供水量

约 0.2 万立方米。

2008 — 2009 年

孙叔敖纪念馆免费对外开放。

9 月，寿县组织力量开展安丰塘水库除险加固工程，总投资 10195 万元。实施环塘堤坝除险加固、新建维修进出水闸 24 座、新建环塘防汛道路 19.88 千米、新建维修管理办公设施等。到 2009 年底全面竣工，使这座"宝塘"为寿县发展农业灌溉、搞好防洪调洪、开发旅游事业提供更加有力的水利保障。

2008 年 11 月，第二座塘中岛——长春岛开工建设。该岛距长寿岛以南约 2000 米处，占地 357 亩、高程 31.36 米，计划投资 1100 万余元，做工程土石方 98.5 万立方米，形成了塘中"姊妹岛"的格局。该工程 2009 年 3 月底完工。

2010 年

11 月，根据寿编〔2010〕40 号《关于寿县水利电力局寿丰分局等单位名称变更的批复》，寿县水利电力局安丰塘分局更名为寿县水务局安丰塘分局。

2011 年

7 月，时任水利部副部长李国英视察安丰塘，作出重要指示："加强芍陂古水利工程和水文化的研究。藉以让更多的时人和后人研究、认识安丰塘，发展古水利工程的历史文化传承，加强现代安丰塘的开发利用，泽被当世和后代。"

11 月 17 日，"芍陂（安丰塘）工程研究座谈会"在寿县举行。安徽省水利厅副厅长张肖，水利志编辑室主任陈继田、副主任晋知华，安徽省淠史杭管理总局局长赵以国，六安市水利局局长张国利，淮南师范学院副院长马建国，寿县人民政府副县长程明以及专家学者李松等20余人齐聚古城寿县，座谈研究中国灌溉工程鼻祖——芍陂（安丰塘）在水利史上的地位与作用，以及在新的历史时期如何保护、开发和利用这一千年古塘。

2012 年

4月8日，国家灌溉排水发展中心主任李仰斌一行，由安徽省水利厅厅长纪冰，副厅长张肖，市委常委、政法委书记杨光祥等陪同，调研寿县安丰塘工程建设管理和水文化传承发展情况。李仰斌指出："安丰塘是古人留下的一座宝塘，我们一定要建设好它、管理好它、保护好它、利用好它。"

5月9日，"寿县芍陂（安丰塘）工程研究座谈会"在合肥召开。省水利厅副厅长张肖出席会议并讲话，省水利厅机关有关处室、省淠史杭总局、六安市水利局、淮南师范学院有关专家，寿县人民政府、寿县水务局负责同志及省社科院有关专家参加会议。

8月22日，省水利厅水利志办公室主任陈继田一行，考察寿县安丰塘（芍陂）工程研讨会筹备情况。市水利局纪委书记王江亭、副县长程明、县水务局负责人等陪同考察。考察组一行听取了淮南师范学院、省淠史杭总局、六安市水利局和县政府、县水务局等相关工作筹备情况介绍，实地察看了安丰塘工程设施和堤坝绿化等现场。

10月11日上午，"天下第一塘"紫金石新景点落成典礼在安丰塘风景区举行。省水利厅副厅长蔡建平、王广满，市水利局副局长魏普庆、徐静等人参加了典礼。蔡建平、魏普庆为"天下第一塘"紫金石新景点揭牌。紫金石立于东北角入口处。

10月，寿县投资190万元的安丰塘堤坝绿化工程顺利完成，进一步美化了安丰塘周边环境。

10月，由安徽省水利厅、寿县人民政府策划的《芍陂诗文》一书由安徽文艺出版社正式出版。

2013 年

本年，河北省古代建筑保护研究所完成《寿县安丰塘孙公祠保护工程设计方案》，同年完成孙公祠修缮工作。

7月4日至5日，中国水利水电科学研究院副总工程师谭徐明、水利史研究所所长吕娟一行，调研寿县安丰塘建设利用发展情况。

8月，安丰塘灌区遭遇大旱。县政府成立安丰塘抗旱指挥所，对灌区水资源实行科学调度，强化管理，充分利用可挖掘的一切水源，全力保住安丰塘下游灌区丰收。

2014 年

3月26日至29日，由中国文物协会、中国文化研究会会同省农委、省水利厅和六安市委、市政府在寿县召开明清城墙暨安丰塘遗产保护研讨会，为下一步"申遗"做准备。

4月，寿县安丰塘水利风景区被安徽省水利厅正式确定为省级水利风景区，并予以授牌。

8月，安丰塘灌区工程管理提升和基层标准化建设实施项目通过省淠史杭灌溉管理总局验收。

9月11日，寿县人民政府邀请中国科学院地理科学与资源研究所院士李文华、中国农业博物馆研究员曹幸穗、中国水利学会水利史研究会名誉会长周魁一等有关专家组成专家组，对《安徽寿县芍陂（安丰塘）及灌区农业系统保护与发展规划》（送审稿）进行评审。9月18日，寿县人民政府颁布《寿县芍陂（安丰塘）及灌区农业系统保护管理办法》。

2015 年

7 月 23 日至 25 日，为推进芍陂申报世界灌溉工程遗产和全球重要农业文化遗产工作，寿县县委、县政府再次邀请联合国粮农组织专家组、清华大学、中国科学院、水利部水科院一批著名专家前来芍陂现场考察、研讨，为申遗奠定了坚实的基础。

10 月 13 日，在法国蒙彼利埃国际灌排委员会召开的第 66 届国际执行理事会全体会议上，芍陂（安丰塘）被认定列入"世界灌溉工程遗产"名录，成为安徽省首个世界灌溉工程遗产。同年 11 月 17 日，芍陂又入选"中国重要农业文化遗产"名录。

同年寿县信息中心主编的《天下第一塘——安丰塘》由安徽文艺出版社出版。

2016 年

4 月，安丰塘水库蓄水达 8500 万立方米，可保障灌区 15 个乡镇近 70 万亩农田用水需求。为确保水库蓄水安全，该分局对环塘四周的 24 座涵闸进行检修保养，并严格落实 24 小时巡查制度，及时掌握水情变化和工程安全状况，力保水库安全运行。

7 月，在安丰塘北堤下面的戈店村农田，利用不同颜色的水稻品种，制作出古城门、"天下第一塘"、荷花、安丰塘凉亭等栩栩如生的稻田画，同时建造了三层塔楼式红木观景亭，古塘芍陂又添新景观。

12 月 2 日，由淮南师范学院、寿县人民政府联合主办的"芍陂（安丰塘）历史文化研究会"在寿县召开。这是历史上第二次有关芍陂水利工程的专题学术会议。12 月，李松等辑校的《〈芍陂纪事〉校注暨芍陂史料汇编》由中国科学技术大学出版社出版。

2017 年

7月28日下午，安丰塘灌区灌溉抗旱工作会议在双桥镇召开，县人大副主任杨之江出席会议。县农委、县水务局、寿春镇等十二个乡镇的主要负责人及水利站站长参加了此次会议。坚持"四先四后"原则科学安排调度，以顺利缓解旱情。

8月，张灿强等主编的《安徽寿县芍陂（安丰塘）及灌区农业系统》由中国农业出版社出版。

年底，"寻找最美水工程"评选结果出炉，寿县芍陂（安丰塘）在全国13项最美水工程中位列第3名，为安徽省唯一入选水利工程。

2018 年

上海交通大学陈业新教授领衔的"历史地理视野下的芍陂水资源环境变迁与区域社会研究"获国家社科基金项目立项。

2019 年

5月19日，为推动寿县乡村旅游发展，在安丰塘举办"2019年'中国旅游日'寿县主题活动暨安丰塘水泽田园旅游季"活动。活动的主题为"观千年古塘·游生态乡村"。

参考文献

[古籍类]

1. 成化《中都志》. 宁波天一阁藏本.

2. 嘉靖《寿州志》. 宁波天一阁藏本.

3. 顺治《寿州志》. 安徽省图书馆微缩藏本.

4. 乾隆《寿州志》. 国家图书馆藏本.

5. 道光《安徽通志》. 华东师大藏本.

6. 夏尚忠. 芍陂纪事. 上海图书馆藏，清光绪三年刊印.

7. 光绪《重修安徽通志》. 续修四库全书本.

8. 光绪《寿州志》. 寿县档案馆藏本.

9. 张树侯. 寿州乡土志. 光绪三十四年（1908 年）芍西学堂油印本，安徽省博物院藏.

10. 戴良. 九灵山房集·送钱参政诗序. 四部丛刊本.

11. 虞集. 道园学古录·福州总管刘侯墓碑神道. 四部丛刊本.

12. 司马光. 资治通鉴. 北京：中华书局，1956.

13.鲁明善著，王毓瑚校注．农桑衣食撮要．北京：农业出版社，1962.

14.杨伯峻．春秋左传注．北京：中华书局，1981.

15.路岩．义昌军节度使浑公神道碑//《全唐文》卷792．北京：中华书局，1983.

16.洪适．隶释·隶续．北京：中华书局，1985.

17.陆游．南唐书．北京：中华书局，1985.

18.世续等纂．清实录·世祖章皇帝实录．北京：中华书局，1985.

19.宋祁．《景文集》卷46《寿州风俗记》．文渊阁四库全书．台北：商务印书馆，1986.

20.同治《六安州志》光绪三十年重印本//中国地方志集成．南京：江苏古籍出版社，1998.

21.顾祖禹．读史方舆纪要．北京：中华书局，2005.

22.王之道著，沈怀玉等点校．相山集．北京：北京图书馆出版社，2006.

23.郦道元著，陈桥驿等译注．水经注全译．贵阳：贵州人民出版社，2008.

24.朱士达修．道光《寿州志》．北京：国家图书馆出版社，2010.

25.陈高华等点校．元典章．天津：天津古籍出版社，2011.

26.司马迁等．点校本二十四史．北京：中华书局，2011.

27.黄彰健校勘．明实录．北京：中华书局，2016.

28.周圣楷编，邓显鹤增辑，廖承良等点校．楚宝．长沙：岳麓书社，2016.

[今人著作]

1. 中支建设资料整备委员会. 安徽北部经济事情. 1940.

2. 中支建设资料整备委员会. 淮河流域地理与导淮问题. 1941.

3. 陈桥驿编著. 淮河流域. 上海：上海春明出版社，1953.

4. 胡焕庸. 淮河的改造. 上海：新知识出版社，1954.

5. 郑肇经. 中国水利史. 上海：上海书店，1984.

6. 浦金洲. 历代诗人与安徽. 合肥：黄山书社，1986.

7. 中国水利学会水利史研究会等编. 芍陂水利史论文集（内部印刷）. 1988.

8. 歙县水利电力局编. 歙县水利志（内部印刷）. 1989.

9. 《水利史话》编写组. 水利史话. 上海：上海科学技术出版社，1989.

10. 水利水电科学研究院《中国水利史稿》编写组编. 中国水利史稿（上中下三册）. 北京：水利电力出版社，1989.

11. 冯天瑜等. 中华文化史. 上海：上海人民出版社，1990.

12. 水利部治淮委员会《淮河水利简史》编写组编. 淮河水利简史. 北京：水利电力出版社，1990.

13. 谢国兴. 中国现代化的区域研究——安徽省（1860—1937）. 台北："中央"研究院近代史研究所，1991.

14. 安徽省寿县水利电力局编. 寿县水利志（内部印刷）. 1993.

15. 安徽省水利志编纂委员会编. 安丰塘志. 合肥：黄山书社，1995.

16. 刘和惠. 楚文化的东渐. 武汉：湖北教育出版社，1995.

17. 寿县地方志编纂委员会编. 寿县志. 合肥：黄山书社，1996.

18. 安徽省水利志编纂委员会编. 渒史杭灌溉工程志（内部印刷）. 2000.

19. 李修松主编. 淮河流域历史文化研究. 合肥：黄山书社，2001.

20. 王鑫义主编. 淮河流域经济开发史. 合肥：黄山书社，2001.

21. 康复圣编著. 淮河沧桑. 北京：中国科学技术出版社，2003.

22. 靳怀堾. 中华文化与水（上、下卷）. 武汉：长江出版社，2005.

23. 中科院地理科学与资源研究所、中国第一历史档案馆. 清代奏折汇编——农业·环境. 北京：商务印书馆，2005.

24. 歙县文化局编纂委员会编. 歙县民间艺术. 合肥：安徽人民出版社，2006.

25. 许蓉生. 水与成都——成都城市水文化. 成都：巴蜀书社，2006.

26. 张芳编. 二十五史水利资料综汇. 北京：中国三峡出版社，2007.

27. 胡惠芳. 淮河中下游地区环境变动与社会控制（1912－1949）. 合肥：安徽人民出版社，2008.

28. ［日］森田明. 清代水利与区域社会. 济南：山东画报出版社，2008.

29. 中国水利文学艺术协会编. 中华水文化概论. 郑州：黄河水利出版社，2008.

30. 周魁一. 水利的历史阅读. 北京：中国水利水电出版社，

2008.

31. 范军编. 艺苑撷英. 合肥：安徽人民出版社，2009.

32. 方敦寿编. 民俗风情. 合肥：安徽人民出版社. 2009.

33. 六安市文化局编. 六安市非物质文化遗产田野调查汇编·寿县卷（内部印刷）. 2009.

34. 钱杭. 库域型水利社会研究——萧山湘湖水利集团的兴与衰. 上海：上海人民出版社，2009.

35. 时洪平编. 人物英华. 合肥：安徽人民出版社，2009.

36. 苏希圣编. 文史辑存. 合肥：安徽人民出版社，2009.

37. 王继林编. 市井随笔. 合肥：安徽人民出版社，2009.

38. 张芳. 中国古代灌溉工程技术史. 太原：山西教育出版社，2009.

39. 赵鸿斌编. 诗联集锦. 合肥：安徽人民出版社，2009.

40. 朱多良编. 文物选粹. 合肥：安徽人民出版社，2009.

41. 安徽省水利志编辑室编. 安徽河湖概览. 武汉：长江出版社，2010.

42. 吴春梅等. 近代淮河流域经济开发史. 北京：科学出版社，2010.

43.《中国河湖大典》编纂委员会编. 中国河湖大典（淮河卷）. 北京：中国水利水电出版社，2010.

44.［美］戴维·艾伦·佩兹著，姜智芹译. 工程国家：民国时期（1927—1937）的淮河治理及国家建设. 南京：江苏人民出版社，2011.

45. 张帆. 安徽大农业史述要. 合肥：中国科学技术大学出版社，

2011.

46. 李松等编. 近三十年芍陂论文汇编（内部印刷）. 2012.

47. 刘玉堂等. 楚国水利研究. 武汉：湖北教育出版社，2012.

48. 徐东平、王勇勇主编. 淮河文化与皖北振兴："第六届淮河文化研讨会"论文选编. 合肥：合肥工业大学出版社，2012.

49. 赵阳. 芍陂诗文. 合肥：安徽文艺出版社，2012.

50. 安徽省水利厅编. 芍陂古水利工程研讨会论文集（内部印刷）. 2013.

51. 郭涛. 中国古代水利科学技术史. 北京：中国建筑工业出版社，2013.

52. 胡焕龙主编. 文化淮南. 北京：人民出版社，2013.

53. 水利部机关服务局编. 新中国水利志书目提要. 北京：中国水利水电出版社，2013.

54. 张文华. 汉唐时期淮河流域历史地理研究. 上海：上海三联书店，2013.

55. 钞晓鸿. 海外中国水利史研究：日本学者论集. 北京：人民出版社，2014.

56.《安徽优秀文化丛书》编写组编. 皖北文化九讲. 合肥：安徽大学出版社，2015.

57. 董文虎等. 水与工程文化. 北京：中国水利水电出版社，2015.

58.《徽州文化大辞典》编委会编. 徽州文化大辞典. 合肥：中国科学技术大学出版社，2015.

59. 靳怀堾. 图说诸子论水. 北京：中国水利水电出版社，2015.

60. 李中锋等. 水与哲学思想. 北京：中国水利水电出版社，2015.

61. 刘冠美. 中外水文化比较. 北京：中国水利水电出版社，2015.

62. 刘军等. 水与流域文化. 北京：中国水利水电出版社，2015.

63. 刘树坤等. 水与生态环境. 北京：中国水利水电出版社，2015.

64. 毛佩琦等. 水与治国理政. 北京：中国水利水电出版社，2015.

65. 饶明奇等. 水与制度文化. 北京：中国水利水电出版社，2015.

66. 王瑞平等. 水与民风习俗. 北京：中国水利水电出版社，2015.

67. 张崇旺. 淮河流域水生态环境变迁与水事纠纷研究（1127—1949）. 天津：天津古籍出版社，2015.

68. 朱海风等. 水与文学艺术. 北京：中国水利水电出版社，2015.

69. 关传友. 明清民国时期皖西宗族与地方社会. 合肥：安徽人民出版社，2016.

70. 李松等.《芍陂纪事》校注暨芍陂史料汇编. 合肥：中国科学技术大学出版社，2016.

71. 马启俊. 名人与寿县文化. 合肥：安徽大学出版社，2016.

72. 孟凡胜. 徽州水利社会研究——以新安江流域为中心. 合肥：安徽大学出版社，2017.

73. 吴海涛等. 淮河流域环境变迁史. 合肥：黄山书社，2017.

74. 张灿强等. 安徽寿县芍陂（安丰塘）及灌区农业系统. 北京：中国农业出版社，2017.

75. 汪志国等. 近代淮河流域自然灾害与乡村社会研究. 合肥：安徽大学出版社，2018.

76. 安徽省水利志编辑室编. 安徽水文化读本. 合肥：安徽文艺出版社，2019.

［学术论文］

1. 韩国磐. 魏晋南北朝时的芍陂屯和石鳖屯. 安徽史学通讯，1959（3）.

2. 殷涤非. 安徽省寿县安丰塘发现汉代闸坝工程遗址. 文物，1960（1）.

3. 钮仲勋. 芍陂水利的历史研究. 史学月刊，1965（4）.

4. 金家年. 芍陂得名及水源变化的初步考察. 安徽大学学报，1978（4）.

5. 金家年. 芍陂工程的历史变迁. 安徽大学学报（社会科学版），1979（1）.

6. 刘和惠. 孙叔敖始创芍陂考. 社会科学战线，1982（4）.

7. 郑肇经. 关于芍陂创始问题的探讨. 中国农史，1982（2）.

8. 朱更扬. 安丰塘、芍陂与期思陂. 中国水利，1982（3）.

9. 许芝祥. 芍陂工程的历史演变及其与社会经济的关系. 中国农史，1984（4）.

10. 李瑞鹏. 古安丰塘管理制度钩沉. 治淮，1987（5—6）.

11. 顾应昌、康复圣. 芍陂水利演变史. 古今农业，1993（1）.

12. 赵阳、季维保. 安丰塘灌区的持续发展经验. 中国农村水利水电，1998（6）.

13. 李三谋. 芍陂与《芍陂纪事》. 农业考古，2001（3）.

14. 张金铣. 元代两淮地区的屯田//第二届淮河文化研讨会论文集，2003.

15. 汪谦干. 皖江文化的内涵及其特点. 安徽史学，2005（4）.

16. 吴文武. 元代两淮地区屯田考. 史学月刊，2005（8）.

17. 冯贤亮. 清代江南乡村的水利兴替与环境变化——以平湖横桥堰为中心. 中国历史地理论丛，2007（3）.

18. 潘杰. 以水为师：中国水文化的哲学启蒙. 江苏社会科学，2007（6）.

19. 陈瑞. 元代安徽地区的土地开发与利用. 中国农史，2008（4）.

20. 高平. 从司马池《行色》一诗看宋初诗人对宋诗特征的探索. 古典文学知识，2010（1）.

21. 关传友. 皖西地区水利碑刻的初步调查. 皖西学院学报，2010（4）.

22. 李松. 从《芍陂纪事》看明清时期芍陂管理的得失. 历史教学问题，2010（2）.

23. 李松. 明清时期芍陂的占垦问题与社会应对. 安徽农业科学，2010（5）.

24. 李松. 民国时期芍陂治理述论. 铜陵学院学报，2011（2）.

25. 李松. 民国时期芍陂治理初探. 皖西学院学报，2011（3）.

26. 毛春梅等. 新时期水文化的内涵及其与水利文化的关系. 水利经济，2011（4）.

27. 李可可、王友奎. 芍陂创建问题再探. 中国水利，2011（10）.

28. 陈立柱. 结合楚简重论芍陂的创始与地理问题. 安徽师范大学学报（人文社会科学版），2012（4）.

29. ［美］孔为廉、邢义田译. 历史与传统——芍陂、孙叔敖和一个流传不息的叙事. 淮南师范学院学报，2013（1）.

30. 陶立明. 清末民国时期芍陂治理中的水利规约. 淮南师范学院学报，2013（1）.

31. 方华. 水利与徽州水口文化. 江淮水利科技，2013（4）.

32. 陈业新. 历史时期芍陂水源变迁的初步考察. 安徽史学，2013（6）.

33. 方川.《安丰塘环塘三字经》与芍陂的民间叙事//芍陂古水利工程研讨会论文集（内部印刷），2013.

34. 时洪平. 试述芍陂水文化的内涵及品味的提升//芍陂古水利工程研讨会论文集（内部印刷），2013.

35. 王大庆、吴海涛. 明清寿州水利与芍陂治理//芍陂古水利工程研讨会论文集（内部印刷），2013.

36. 熊帝兵. 元代芍陂灌区农业发展管窥//芍陂古水利工程研讨会论文集（内部印刷），2013.

37. 关传友. 明清民国时期安丰塘水利秩序与社会互动. 古今农业，2014（1）.

38. 胡传志. 北宋治理芍陂考. 徐州工程学院学报（社会科学版），2014（2）.

39. 李文华. 农业文化遗产的保护与发展. 农业环境科学学报，2015（1）.

40. 房正宏. 淮河文化内涵与特征探讨. 阜阳师范学院学报（社会科学版），2015（4）.

41. 陈业新. 阻源与占垦：明清时期芍陂水利生态及其治理研究. 江汉论坛，2016（2）.

42. 李谋涛、李昌军. 徽州民间"游龙舟"研究. 贵阳学院学报（社会科学版），2016（2）.

43. 席景霞、贾昌娟. 古徽州水文化的自然生态观解析. 浙江水利水电学院学报，2016（3）.

44. 周波等. 芍陂灌溉工程及其价值分析. 中国农村水利水电，2016（9）.

45. 黄克顺、张海砚. 试论安丰塘传说及其人文价值. 怀化学院学报，2016（12）.

46. 戚晓明等. 安丰塘水文化特征分析. 淮南师范学院学报，2017（5）.

47. 王家骏. 徽州传统聚落水景观品质提升研究. 安徽建筑大学硕士论文，2017.

48. 翁飞龙等. 安徽茶俗略考. 安徽农学通报，2017（18）.

49. 徐家久. 安丰塘（芍陂）古代水利工程考古调研报告. 文物鉴定与鉴赏，2017（10）.

50. 褚春元. 环巢湖水文化资源整合与提升"大湖名城"品牌形象路径. 巢湖学院学报，2018（5）.

51. 蔡波涛等. 楚都寿春城水利考古研究的探索与思考. 文物鉴定与鉴赏，2019（1）.

52. 朱立琴等. 芍陂水利工程保护与发展的战略思考. 水利经济，

2019（1）.

53.庞文君等．徽州水口园林浅析——以许村、呈坎、宏村为例．大众文艺，2019（10）.

54.吕玉玺．文化"IP"热的冷思考．江西日报，2019－7－31.

[档案资料]

1.安徽省水利工程处．寿县芍陂塘引淠工程计划书．安徽省图书馆藏，1934.

2.导淮委员会编印．导淮委员会十七年来工作简报．安徽省图书馆藏，1946.

3.全宗号 L001－005－0010.寿县三十六年度水利工程实施计划．安徽省档案馆，1947.

4.全宗号 L001－005－00332－10.导淮委员会安徽寿县安丰塘灌溉工程计划．安徽省档案馆，1947.

5.全宗号 L001－005－00754－026.寿县整理安丰塘工程复工计划意见书．安徽省档案馆，1947.

后 记

多年以来，我一直从事安徽地方历史文化的研究，而尤勤于地方水利史。作为一名地道的淮南人，熟谙地方掌故，解读地方文化，乃是义不容辞的责任。而如何更好地宣传地方历史文化，唱响中国文化的主旋律，也是我经常思考的一个问题。芍陂作为中国最古老并至今仍在使用的水利工程，千百年来为人所称道，在世界灌溉工程史上都占有重要地位。作为"淮河流域水利之冠"，其所蕴含的水文化内涵极其丰富。以芍陂为代表的安徽水文化事实上是值得大书特书的。我在从事地方史研究的过程中，对芍陂水利情有独钟，先后撰文数篇，并于2016年出版《〈芍陂纪事〉校注暨芍陂史料汇编》一书，而这本《芍陂史话》的撰写，也算是水到渠成。

本书从构思到写作完成，前后近3年时间，其间我先后前往中国第二历史档案馆、复旦大学、上海师范大学、上海图书馆、安徽省档案馆、安徽省图书馆、安徽省博物院、寿县档案馆查询收集相关资料。书稿初成后，承蒙淮南师范学院校长李琳琦教授、上海交通大学陈业新教授审阅书稿，并提许多出宝贵意见，两位先生在百忙之中为拙著慨然赐序，以博瞻的视野和真诚的文字给本书增色不少，令我心存感激。本书是安徽省社科规划项目"从芍陂到淠史杭：晚清以来江淮地区的水利兴废与社会变迁"（项目号：AHSKY2017D94）的阶段性成果。本书完稿后，恰逢淮南市政协和淮南师范学院联合成立"淮河文化研究中心"，书稿的撰写得到了省市政协领导的鼓励支持，成为淮河文化研究丛书的重要篇章之一。

本书在撰写的过程中，淮南师范学院原副校长王正明教授对本书的写作和出版给予了非常可贵的帮助；上海师范大学钱杭教授对本书撰写给予了诸多帮助和启发；安徽省水利厅水利志办公室晋知华主任始终关心本书的写作和出版，在提供巨大帮助的同时，为拙著题写了书名；淮南师范学院法学院院长夏维奇、文学与传播学院院长管军、寿县教育局夏承开局长、县水利局徐剑波副局长、县信息中心赵阳主任为本书写作提供了许多有价值的帮助，在此一并表示感谢！

本书从策划到出版，安徽教育出版社各位编辑以高度负责的精神，对本书编校付出了大量心血，深表感谢！